停止自我破坏

摆脱内耗，6步打造高效行动力

Stop Self-Sabotage

Six Steps to Unlock Your True Motivation,
Harness Your Willpower,
and Get Out of Your Own Way

[美] 朱迪·霍（Judy Ho）著

叶子涵 译

机械工业出版社
CHINA MACHINE PRESS

图书在版编目（CIP）数据

停止自我破坏：摆脱内耗，6 步打造高效行动力 /（美）朱迪·霍（Judy Ho）著；叶子涵译 . 一北京：机械工业出版社，2023.4

书名原文：Stop Self-Sabotage: Six Steps to Unlock Your True Motivation, Harness Your Willpower, and Get Out of Your Own Way

ISBN 978-7-111-72766-8

I. ①停…　Ⅱ. ①朱…　②叶…　Ⅲ. ①心理学 - 通俗读物　Ⅳ. ① B84-49

中国国家版本馆 CIP 数据核字（2023）第 069704 号

北京市版权局著作权合同登记　图字：01-2022-6779 号。

停止自我破坏：摆脱内耗，6 步打造高效行动力

出版发行：机械工业出版社（北京市西城区百万庄大街 22 号　邮政编码：100037）
策划编辑：朱婧琬
责任编辑：朱婧琬
责任校对：梁　园　　卢志坚
责任印制：张　博
版　　次：2023 年 6 月第 1 版第 1 次印刷
印　　刷：保定市中画美凯印刷有限公司
开　　本：147mm×210mm　1/32
印　　张：9
书　　号：ISBN 978-7-111-72766-8
定　　价：59.00 元

客服电话：（010）88361066
　　　　　（010）88379833
　　　　　（010）68326294

前　言

是什么在拖你的后腿

　　你是否曾立志做好某一件事，到头来却总是失望地发现自己的努力毫无成效，例如减肥、换份工作、克制自己不再冲动消费，或者好好谈个恋爱？你是否曾不愿意和某人打交道，或是突然想联系某人，但自己的不安或急切却吓到了对方？你是否曾感觉自己不懂理财，或是感觉已经触碰到了职场天花板，无法再度晋升？当你伸手去拿一块曲奇饼干而不是水果，抑或是当你工作之余想放松一下，却沉迷追剧，迷迷糊糊直至项目截止期前，你可曾停下来好好想一想，你为什么会这样？

　　如果你觉得这些经历似曾相识，那你就已困在自我破坏（self-sabotage）的怪圈中了。简单来讲，任何对我们不利或是阻碍我们主观意图的想法以及行为都可以被看作自我破坏。回想一下你是否曾有过这样的想法："我做不到……"，然后就放弃了这一打算，甚至不愿去尝试。这就是自我破坏。或者说你会去做一些无益于自己的事情，比如明知道应该养成健康的生活习惯，但还是狼吞虎咽地吃下大半块蛋糕，这也是自我破坏。我们的闲聊中经常会出现这样的话题，甚至在其他亲友的生活中，这类现象也很常见。即使这样，大多数人却没有意识到它的存在，任由自我破坏对自己的生活产生有害的、抑制性的影响。因为自我破坏往往隐匿于表象之下，彼时我们意识不到自己的所作所为，以及这些行为如何妨碍了自己。自我破坏常常被人忽略，当你焦虑不安、萎靡不振、精疲力竭时，它们就开始蠢蠢欲动了。即便最成功的人在生活中也或多或少会受自我破坏的影响——你可能事业有成、婚姻美满，却不能坚持锻炼；你可能左右逢源、广交好友，却找不到真爱伴侣。

随着时间的推移，自我破坏会逐步扼杀我们的动力和激情。因为我们花费了大量的时间及精力，却一次次地以失败告终，也找不出其中原因。我们会感到焦躁，伴随着强烈的挫败感，不愿再去尝试。试问如果你自己都觉得无法成功，那又怎么会付出努力呢？慢慢地，你舍弃了自己宏大的理想。即使不太满意，也会选择安于现状，得过且过，不再去思考怎样才能让自己的生活更加美好。自我破坏阻碍我们抓住机会让生活重回正轨。

正因为对自我破坏是如何发生的缺乏清晰的认识，你会发现自己的某些行为非但无益于实现目标，反而在起反作用：又多吃了一大块蛋糕，或者在重要会议前熬夜追剧。你会对他人的成功感到恼怒，对自己的平庸感到无助。你把自己的失败归咎于运气不佳、缺乏动力，甚至认为是自身的性格缺陷阻碍了自己追求成功和幸福。又或许，你已经清楚地认识到自我破坏是自己生活中的一大问题，却只是无奈地耸耸肩，长吁短叹一番作罢。因为你觉得这个问题是不受自己控制的。

如果你觉得上述内容就是在说自己，那么我想告诉你一个好消息：从今天起，你将改变这一切，重新规划自己的生活。我可以帮你找出是哪些问题助长了你的自我破坏倾向，并帮你转换思维和行为方式，从而逆转它们在你生活中造成的恶性循环。许多来访者会来向我咨询一些他们无法理解的问题，结果发现问题的核心都是自我破坏。而一旦他们了解到自己是怎样做出这些不利的行为之后，就能够很轻松地采取措施重塑自己的思维方式，从而杜绝自我破坏。我会帮助你清晰地剖析自己的欲望，聚焦于你最重要的价值观，并制订周密的计划助你成功。最终，你将学会彻底阻止自我破坏，并且如自己一直所期望的那样，在生活中做出积极有效的改变。

在我的内心深处，有一股强大的动力驱使着我完成本书，因为我想向人们阐明"自我破坏"，我想帮助人们活出最好的自己——事业成功、身体健康、人际关系和谐，我想教读者用最简单的方法追寻自己的梦想，追寻幸福和愉悦，追寻自己所希冀的美好生活。结合众多科学原理，多年来的工作成果，以及同家人、亲友、同事的讨论成果，我意识到自我破坏在日常生活中极为常见，自我破坏能够解释许多问题，这些问题是人们在执行计划的过程中，由自己的种种坏习惯、消极想法、毅力缺乏导致的。我发现人们逐渐故步自封，消磨了斗志与自尊，终日沉湎于悲伤与焦虑之中。我意识到应该帮助尽可能多的人去了解自我破坏，打破恶性循环，引导他们取得成功，从而帮助他们重拾自信，重新朝着自己的目标去奋斗。

　　历经多年的调查研究与临床经验，我构建了一套完整的理论体系，可以帮助你通过六个步骤终止自我破坏。借助科学原理和实用心理学技巧，这套理论已经帮助数百名来访者打破恶性循环：成功减重，戒掉拖延，坚持日常锻炼，事业蒸蒸日上，构建和谐人际关系，最终让自己的人生更加美好。这六个步骤中的每一步都已经形成了成熟的技术，能帮助你更好地辨别自我破坏的行为和想法，出现自我破坏时帮助你及时进行干预，同时助推自我成长，减少未来自我破坏发生的可能性。这套方法在我的来访者身上成效显著，部分例子我会在后续的内容中提到，我相信它也会对你起到巨大的帮助。

练习速览

　　冰冻三尺非一日之寒，自我破坏倾向的形成同样如此，所以我们需要花费较长的时间来重塑思维方式，从而把自己拉回正轨。这正是本书练习方法的切入点。你能够借助这些方法练习放慢脚步，近距离检视自己的思维和行为，最终在其帮助下摆脱自我破坏。

　　这六个步骤是层层递进、互相依托的，所以需要按顺序一步步来学习。在具体每一步的详细介绍中，我都会要求你完成其中对应的练习。有些练习需要你迅速做出反应，另一些则会让你向内心深挖，在深思熟虑之后给出自己的反思、总结和回答。尽管某些练习在你看来可能非常古怪，要么太简单，要么太难，甚至有的让人匪夷所思，但不管怎样，我希望你能够都尝试一番。最开始，我的很多来访者也对其中的某些练习持怀疑态度，尝试过后却惊喜地发现效果卓著。如果某项练习方法并不适合你，不用担心，每个人的情况都是独一无二的，每个人都有不同的目标、需求和个性，自我破坏的动机也不甚相同，所以不可能每种练习方法都适合你。但是如果你不去尝试，就不会知道其是否有效，所以请调整呼吸，静下心来，认真、完整地完成书中的每项练习。很可能你当初最讨厌的练习反而对你最有帮助。而且这些练习的好处是，你不仅可以在书上进行练习，还可以把它们运用到自己的工作和生活中。

如果你感觉自己已经陷入了自我破坏，那么也可以将这些练习当作应急措施。我同样列出了一系列自我破坏克星（见附录B），其中不仅包括我们在接下来的几章会了解到的一些总结性方法，还加入了一些额外的新练习，这些附加的小技巧能帮助你迅速遏制住自我破坏的势头。整个清单综合了一系列简单高效的练习，可以作为你的应急方案。

在每一步的末尾，我都会给你安排三类不同的练习：第一种是快速练习，能初步消解自我破坏（耗时10分钟），第二种为短期练习（在接下来的24小时内完成），第三种为长期练习（在之后的一个星期内完成）。这三种练习是循序渐进的，请按顺序依次完成，在进行到下一项前，务必认真完成前一项。

浏览本书时，你可能想尽快看完所有内容。诚然，这种消解自我破坏的迫切心情可以理解，但请牢记，学习不是赛跑。所以请静下心来，认认真真学习书中的内容，思考怎样将其付诸实践，改善自己的生活。虽然保持连贯的进度很重要，但是没有必要急匆匆进行下一步或下一项练习。按照自己的节奏慢慢来，对每一条信息和每一个知识都一丝不苟，在向后推进之前认真实践章节末尾的练习，直到它能够真正帮助你平静内心，这样的态度更可取。在每项练习中投入的精力越多，你的收获也就会越多。有条不紊，充分利用自己的时间，及时温故而知新。这就和健身一样，你不可能只去一次健身房，从此就能一劳永逸地拥有好身材，只有定期锻炼才能取得成效。你对待书中的练习同样应当如此，将它们日常化、习惯化会带来更好的效果，这样的定期练习同样可以巩固你对自我破坏的理解，也可以重塑你的思维方式，让你抛弃旧的思维定式，接纳新的模式。这将增强你的精神耐力，让你更持久地抵御自我破坏的负面影响，更坚定地向着自己的目标努力。

在我们正式开始之前，我最后还想再提醒一点：尽管有些老套，我还是希望你能够用纸质笔记本记录自己的每一点进步。研究表明，相比键盘手打，通过笔记记录下的知识会让人更加印象深刻，更容易学习掌握。[1] 我们手写笔记时，往往需要放慢速度（因为手写要比打字速度慢）。慢下来，我们可以更加透彻地分析信息，用笔写则有助于更好地整合重要内容。这种附加的信息处理过程有助于我们的学习和记忆，并且在后期复习自己的笔记时，我们能更迅速地回忆起这些内容。

我由衷地希望本书中的理论可以帮助大家脱胎换骨，能够更好地向着自己的目标努力奋斗。如果你想通过对本书理论的学习摆脱自我破坏的困扰，那么你将会学到一系列实用的技能，重新让自己的生活回到正轨。本书可以为你助力，我也相信你一定可以让它为己所用。

那么就让我们开始吧。

STOP SELF-SABOTAGE

目　录

引　言

我们为什么会挡住自己的路

　　生活中，人人皆有目标——减掉赘肉，职位顺利升迁，和喜欢的人再约一次会或者好好地度个假。定好自己那心心念念的目标，一边在心里暗暗盘算，一边屡屡和他人提及。我们把这些目标记在便笺上，写在备忘录上，圈在日历上；甚至精心挑选一些相关的图片，贴在愿景板上、浴室镜子边或者冰箱门上，时时刻刻提醒自己。你可能和自己的亲朋好友分享定下的目标，信誓旦旦地保证今年定会一一实现，可能还会让一两位亲友监督自己认真落实。但对于绝大多数人来说，这些目标最后大都半途而废。为何我们会阻碍自己实现目标呢？我们需要先了解一些有关人类行为的基本概念，同时厘清究竟是哪些因素在幕后阻碍着我们实现目标，这样才能够更好地理解这种"自我破坏"源起何处。

　　贝丝是一名杰出的辩护律师，就职于当地知名的律师事务所。她办事雷厉风行，从不拖拉；同时应付多起诉讼却游刃有余；屋子里从来收拾得整整齐齐，婚姻和睦，家庭美满，今年就要和丈夫迎来第 16 个结婚纪念日。但她同样经历着这种"自我破坏"。

　　尽管事业家庭令人艳羡，但贝丝无法控制自己的体重。从我认识她起，她的体重就一直不断地变化，减肥后经常会反弹。仅一年内，她的体重就上下波动了 13 千克。贝丝一直在尝试各种不同的营养策略和健身项目，但都没有稳定持久的效果。诚然，贝丝无论胖瘦都很漂亮，但她的家庭医生已经多次提醒，结合家族病史以及血检结果，如果还不瘦下来，她有极高的风险罹患 2 型糖尿病。尽管怀有深深的紧迫感，但每一年她仍旧会在医生的办公室里羞愧地低着头，为自己没能成功减肥搬出一套新的理由。

　　表面上看这完全说不通，毕竟大家都觉得贝丝是一个有能力实现任何目标的人。但一旦涉及体重，贝丝就是一个典型的"自我破坏"受害者。

　　为什么贝丝甚至你我在实现目标的过程中总是会挡住自己的路呢？告诉你一个令人震惊的事实，这种自我破坏的倾向是与生俱来的，它早已被内置于我们人体的神经生物机制内，甚至深深地埋藏于我们的人性中。但追根溯源，实际上这一心理反应的本意是好的。自我破坏源自人类祖先的进化适应过程，这一适应过程的首要目标是让人类这一物种存活延续下去！为了能够帮助你理解"自我破坏"这一心理机制如何与人类存亡息息相关，我们需要弄清楚两个驱动人类生存的基本原则：趋利和避害。

趋　利

每当我们强身健体或交朋友时，我们的大脑就会释放出一定量的多巴胺（一种能够让人心情愉悦的化学物质）作为奖励。这种化学刺激会驱使我们重复之前的行为来获得更多的积极反馈。[1] 研究显示，美食、性爱、电玩甚至简单的一个拥抱，都会刺激大脑分泌更多的多巴胺。一旦接收到这类激励，人体就会继续分泌多巴胺，并且经常分泌量激增，使人们更有可能在未来重复同样的事来获得同样的快感。严格意义上讲，奖励是种积极的物质、活动以及经历，它能够激发愉悦且正向的情绪。[2] 某种程度上说，人类物种的存活依赖于奖励最大化，所以我们的大脑天生且频繁地寻求奖励也就不足为奇了。

人类的这一天生倾向得益于神经递质，它是大脑分泌的一种化学物质，用来在神经细胞间传递信号。我们的大脑通过神经递质来下达各种各样的指令，譬如让心脏保持跳动，帮助我们专注于眼前的任务，甚至是坠入爱河！神经递质多巴胺被众多粉丝称为"快感化学物"，它在我们大脑的奖励机制中有着举足轻重的作用。大脑应奖励而释放多巴胺，进而产生诸如快乐、愉悦、幸福等情绪。

奖励主要有两种类型：自然奖励（primary reward）和次级奖

励（secondary reward）。自然奖励是指那些为我们生存所必需的要素，例如食物或性。次级奖励则会激发我们的目标行为，去实现那些具有社会价值或意义的目标（比如高薪酬、好工作）。我们可以很直观地感知到次级奖励带来的利好效益，因为当他人接收到次级奖励后，会表现出正向的社会和情感反馈；而当我们自己接收到次级奖励时，也会切身体会到其带来的巨大愉悦感。一旦我们内化了次级奖励的价值，它就成为一种生物层面的奖励机制，因而也就和自然奖励有了同样的奖励效果。这两种奖励机制对我们的身心健康同等重要，我们的大脑同等享受这两种奖励。

有趣的是，大脑在我们进行与奖励相关的活动时会分泌多巴胺；潜在奖励也会刺激大脑分泌大量多巴胺。哪怕只是在聚会中看了一眼心仪的对象，或是在经过喜爱的面包店时嗅到了一丝美味曲奇饼干的香味，都能够刺激大脑分泌多巴胺，驱使你立即采取行动：比如把那位男士（或女士）约出来，或者现在就去购买并享用饼干。多巴胺含量的上升提醒大脑要专注，并鼓励我们立刻付诸实践。多巴胺也有助于增强我们的记忆力，如果下一次面对同样的潜在奖励，我们更有可能为其付诸行动。在奖励出现之前、之时、之后，多巴胺都会被大量释放，去鼓励我们不断地获得奖励。

所以从生理角度来看，我们天生就会为了目标而努力，因为实现目标可以给人带来快乐。多巴胺分泌会刺激我们重复这类行为。但问题在于，尤其是在涉及"自我破坏"这一概念时，我们的这种生物化学过程并不能很好地区分以下两种快感：人们努力实现目标时的良好感觉，以及成功规避某种威胁后的良好感觉。

避　害

无论是人类还是动物，学会如何躲避威胁都是一项基本的生存技能。随着时间的推移和人类的成长，我们对这项技能的运用也更加纯熟，学会了去预测危险并采取措施应对多种威胁。不管是一头鲨鱼、一份负面工作评价，还是一次被婉拒的约会，每当我们去规避威胁，恐惧都如影随形，但其并非有百害而无一利。这种情感可以帮助我们做好战斗准备，摆脱潜在的不利处境，或是做好自我保护。若无恐惧为驱动，我们便可能不会为生存而采取行动。

科学家们已经发现，我们的大脑中存在着负责激活生存技能的生理结构，这恰恰说明这些技能是与生俱来的。叫作丘脑的脑部结构能侦测存在的威胁，叫作杏仁核的结构会激活人的恐惧情感反应。[3] 这又反过来触发人的交感神经系统，迅速让身体和大脑做好防御准备。

人类已经进化出了三种应对威胁的策略，前两种为人所熟知：战斗和逃跑。当人们觉得自己有能力战胜带来威胁的人、事、物时，他们就会选择战斗；当他们觉得不能克服威胁时，逃跑就成了默认反应，并且跑得越远越好。但是还有第三种鲜为人知的恐惧应对方式——冻结（freeze），当人被挑战压垮而无法采取任何行动时，就会出现这种反应。有些动物会装死，因为如果它们放弃抵抗，攻击它们的猎食者可能就会失去捕猎兴趣，英语中就有"装死的负鼠"的表达，因为这种动物有着绝佳的装死本领。

但相较于动物只需要考虑自己的生存问题，人类还需要保持心理健康。实际上，和感受到的人身威胁一样，心理威胁同样会触发战斗或逃跑反应。对于人类来说，冻结反应可以暂时麻痹自己的心理不适感，从情绪层面远离当前情形，从而把对自己的伤害降低。这种反应可以解释为什么有时我们对现状不满，却不愿采取任何行动，譬如辞掉一份将自己榨干殆尽的工作，或者结束一段早已形同陌路的恋情。

无须身临其境，我们同样能感受到威胁生存的那种恐惧。回想起过往的一段恐怖经历，甚至凭空想象某种威胁［比如对兔子或棉花球产生恐惧——约翰·华生（John Watson）博士进行的一系列重要研究证实了这一情况］[4]，都会让我们感觉恐惧。我们的大脑对基于恐惧的记忆非常敏感，部分原因正是为了帮助我们更快更高效地吸取经验，从而生存下去。研究结果表明，和日常记忆内容相比，涉及恐惧这类情感反应的记忆，内容更加鲜活生动。试想下列哪种记忆更令人印象深刻？是你每天开车上班的日常，还是12年前的那一天，你差点撞上一名推着婴儿车过马路的行人？皮质醇（又称压力性激素）在恐惧情感反应事件中异常活跃。[5] 它会使大脑更加专注、做好行动准备来确保我们可以全身而退，顺利存活；同时让大脑将关于该事件的记忆存档，确保下次发生同类型事件时，人体可以迅速采取自卫措施。

和其他类型的记忆相比，基于恐惧的回忆，以及任何解决焦虑激发事件的有效措施，都会以最快的速度被大脑响应。这种快速回忆的机制保证我们的大脑可以迅速对潜在威胁做出反应，但也存在不足之处：它会使我们记住更多不好的事情，并且选择性地回忆起过去的错误。结果，我们用负面杂念没完没了地打击自己，想知道我们能否做得更好，以及如何能做得更好，并选择避免假设威胁，因为我们不确定我们会如何处理它们。每一次新的"自我折磨"都会升级我们对潜在威胁的预测，久而久之，潜在威胁记忆的内存就会越来越大。很快，对潜在威胁的恐惧会让我们停滞不前，画地为牢，不愿为了改善生活而去抓住新的机遇。

趋利和避害恰似一枚硬币的正反两面。它们并非各自独立的系统，而是在大脑内部频繁互动，大脑则尝试着让两者渐趋平衡。当两者真正能够平衡时，万事皆宜，人们自我感觉良好，身心健康。如果两者失衡，人们就会开始自我破坏。具体来说，当避害行为需要以牺牲趋利行为作为代价时，我们便会偏离既定目标。当避害倾向胜过趋利倾向时，就会发生自我破坏，所有这一切都和趋避冲突（approach-avoidance conflict）有着密切联系。

趋近与逃避

根据心理学家库尔特·勒温（Kurt Lewin）1935 年首次提出

的理论，趋利和避害这两种行为和趋避冲突是紧密相连的。[6] 勒温博士认为，当同一目标对于个体来说兼有积极与消极影响，既有吸引又有排斥时，就会使人陷入这种进退两难的内生冲突中。比如为了一份心仪的工作而移居别国，跑完一场马拉松，结束一段不尽如人意的恋情，这些目标都兼有正反两种影响。如果你正在为了某个目标而努力奋斗，且这个目标在吸引你之余，也有令你讨厌之处，你就会发现自己陷入了一个行为怪圈：先是斗志昂扬，干劲十足（即"趋"），旋即热情消退，懈怠了事（即"避"）；或是发现自己总是在坚持和放弃间摇摆不定。

和孩子做决定不同，成年人做决定往往要复杂得多。事实上，大部分我们认为至关重要甚至改变命运的目标都兼具积极和消极影响。这些我们为之投身奋斗的目标决定构成了生活中的一个个利弊清单！但正是在列出其种种利弊的过程中，我们需要把某个具体决定的积极因素和消极因素全部清晰地列出来，这也就在无形中激活了趋避冲突。

大多数人都经历过趋避冲突，初期趋近阶段确实让人迷醉。当我们第一次为自己定下一个宏大的目标时，那种感觉的确振奋人心！你或者你的爱人肯定都做过这样的新年计划：明年1月1日开始坚持健身。你办了健身房的年卡，热情满满地决定一周至少去健身房五次，这样就可以减掉假期里长的10千克体重。你就这样沉浸于自己坚定的决心中，为自己所构想的健康生活陶醉。

往往最开始设立目标的时候，我们充满干劲，兴致勃勃地依照待办清单一项项完成目标任务，告诉我们身边的所有人自己的计划，对任何有助于实现目标的事都动力十足。但是随着目标逐步实现，我们就会逐渐意识到这里面不那么吸引人的部分，最初的热情也开始消退。你会发现需要牺牲比以往更多的时间和精力，随着完成目标而来的责任也成为新的负担，趋近期的兴奋感消散一空，取而代之的是残酷的现实。突然间，你发现自己开始为懈怠找借口，甚至抛弃之前的目标，另立新目标。

让我们回到新年减肥计划的例子。当你只剩下最后 2.5 千克体重要减时，可能就不再去健身房了，因为真的很难坚持一个星期去这么多次，当初稳步下降的体重现在似乎也停滞了。为了减掉这最后几千克体重，你必须做出额外的妥协：一周内几乎不碰任何甜食，这一点光想想就让人难受，尤其是当你意识到自己如果想继续减肥，要么需要彻底改变饮食习惯，要么需要继续提升训练强度，否则不会有成效。你开始怀疑自己的超额努力是否值得，甚至考虑其他更好的选择，毕竟自己太忙了，很难每天抽出一个小时去健身房锻炼。所以你决定放弃针对余下这几千克的减肥计划，放宽心态，让自己开心起来。但问题是，你并不能真正放下它。你大可如此，但是每当瞥见自己钱包里的那张会员卡，每当试衣服却发现都不合身时，都会让你回想起那个曾经发誓要完成，最后却半途而废的目标。为了甩掉这些让人不舒服的事情，你不再去中意的商店购物，并把健身房会员卡放在了钱包最里层。

我们可以这样理解，目标实现过程中的趋近方面是由大脑中的趋利部分来主导；逃避方面则是由避害部分来主导，这一部分会不惜一切代价来逃避威胁。有时人们突破了目标实现过程中的种种不愉快，成功达成目标；但其他时候，当人们的避害欲望强于趋利欲望时，自我破坏就出现了。这可能源自人们成百上千年的进化程序。纵观人类历史的早期阶段，预测和逃避物理威胁对生存来说至关重要，所以人的大脑把这一目标放在首位。[7]但现如今，当我们尝试逃避诸如拒绝、不适、压力、悲伤或者焦虑这样的心理威胁时，却常常会不知所措，虽然它们并不会真正意义上杀死我们。譬如，我们可能会害怕在一大群观众面前发表演讲，担心会被别人评判或取笑，虽然当众演讲并不会像在草丛中伺机而动的老虎，给你带来生命危险，但仍然会吓得你心惊胆战，掌心冒汗。这类"现代生活威胁"虽然不会危及生命，但人类大脑仍偶尔会默认优先避免任何会造成潜在威胁的事物，就像史前时代那样。

L.I.F.E. 的加入

那为什么人仍会不时地高估威胁程度，并任由其阻止我们向目标努力呢？答案就在于 L.I.F.E.。通过我自己的研究以及我与来访者的交流，我屡次发现有四个因素加剧了趋利与避害间的冲突，而这些因素实际上并不会伤害你，它们是：

自我概念薄弱 / 易动摇（Low or Shaky Self-Concept）

内在观念（Internalized Belief）

对变化以及未知的恐惧（Fear of Change or the Unknown）

控制欲过强（Excessive Need for Control）

这四个影响因素代表了人们性格的各个方面，以及人类如何与这个世界产生关联。你可以把它们想象成一个在幕后运转的操作系统，驱动着人们的行为和思想。通常人们会在儿时习得这四个因素，因为它们一直伴随着人的成长，所以常常被人的意识所忽略。加以关注，你就会更好地理解它们如何影响你的决定、你对自我的认知、你的行为方式、你在具体情形下的感受，尤其能够明白它们如何助推了你的自我破坏。了解并认识这些因素，可以帮助你区分它们是在何时让你高估威胁，并把你推向自我破坏的。

在你阅读接下来的描述时，尝试找出哪些是导致你自我破坏的原因。L.I.F.E. 中的某一方面可能比其他方面更让你与之共鸣；其中特定的某一因素可能影响你生活的某一方面，但在其他方面却无甚影响。例如每次只要你开始考虑辞职，就会激发自己"对变化以及未知的恐惧"，但开始一段美妙的度假之旅时，你反而会乐意看到这些未知及变化。

自我概念薄弱 / 易动摇

自我概念是指你是谁，以及你如何定义自己。社会心理学家罗伊·鲍迈斯特（Roy Baumeister）将其描述为"某一个体对于他自身的看法，包括个人特质，孰为自我，何为自我"。[8] 这个理论将个体与周围的其他个体区分开，认为每个人皆有独属于自己的某一特质。有些特质关乎你对自己的价值判断（例如，自我尊重抑或自我看重），对自己的看法（自我印象），希望自己成为何种人（理想自我）。[9]我们不是只有一种自我感知。实际上，每个人对自我的认知（即自我概念）都包含很多个层面，这些不同层面的认知又会给我们带来不同程度的自信。每个人自我概念的组成不尽相同，这些不同的成分与他扮演的各种不同社会角色紧密相连，同时根据个体对不同社会角色的看重程度，以及履行不同社会角色的职责所能带来的满意度，每个单独的社会角色都会对个体的总体自我观念产生影响。打个比方，你的自我观念可能包含了诸如企业家、父母、朋友、伴侣、运动员、顾问或家庭厨师在内的多种不同社会角色，根据其中某项角色能够在多大程度上帮助你认清自我，你会对它们做出高下之分，而不同社会角色对此（帮助认清自我）产生的不同效果会影响一个人的自尊程度（再打一个比方，你很有信心当一名称职的父母，但对于能否成为一名顶尖运动员则不尽然）。

在生活的不同方面，即在不同社会角色的履职过程中，你会依据自己的满意度来判断是否离理想自我更近一步，这最终又会影响你对自己的整体印象。理想自我是一个人所认为的最好的自己；这种认知会受到很多因素的影响，包括他的生活经历和经验、自身所处的文化背景，甚至是所欣赏的他人的闪光点。我们不断增加自我概念的维度，就是为了努力达到理想自我的状态。离理想状态越近，我们就会感觉自己的生活越美好。

一旦有了坚实的自我概念，我们就会更加积极地看待自我，在生活中的大多数时间都认为自己离理想自我越来越近（至少不再那么遥不可及）；对自己充满信心，相信自己能够实现任何目标；对自己的工作、生活、恋情也都更加乐观。和普通人相比，因为我们对自己有着强烈的认同感，也就不会那么在意他人的看法。而一旦陷入"自我概念薄弱／易动摇"的状态，我们就觉得理想自我是一场白日梦，对自己缺乏信心，觉得什么目标都无法实现；认为好事永远不会降临在自己头上；同时会更多地去关注外部环境，让这些外部因素支配自己的自我感觉，比如关心提交项目后是否会立即得到上司的赞许。自我概念薄弱／易动摇会让我们质疑自己的自我认识、自我定位以及做出积极改变的能力。我们会觉得不配得到那些美好的东西。

当整体的自我概念比较薄弱时，或者在你想完成自己某个社会角色内的特定目标之际，自我破坏就开始蠢蠢欲动。如果你在很多方面都有良好的自我概念，但不认为自己是一名运动员，那么即使你运用了使你在生活其他方面取得成功的计划和组织技能，你也可能很难每周锻炼5次或跑完一次马拉松。或者，如果你的自我概念不够坚实，而且不只是在生活的一个方面，那么你可能会发现自我破坏渗透到了生活的多个方面——从工作到人际关系，甚至包括你选择健康生活方式的能力。如果自我破坏同时出现在生活的各方面，只会让你觉得更挫败，更加不易控制。越是自我破坏，越会削弱你的自我概念，越会让你深陷泥沼，无法自拔。所以总的来说，自我概念薄弱／易动摇只会助长自我破坏，加剧恶性循环。

内在观念

学习理论（learning theory）是研究人类如何获取知识的理论观点。理论成果表明，人类行为在很大程度上依赖替代性条件作用（vicarious conditioning）。这意味着我们会通过观察他人行为的结果来进行学习。[10]当我们刚刚踏入世界，还是婴儿时，单纯如一张白纸。我们不了解整个世界的运行规律，所以每当有一个事件发生，就会给我们提供一个机会来内化从中学到的经验教训，从而能够积累经验，知道当下次遇到同样的情况时该如何应对。正是通过这样日积月累的学习，我们的心智才能够逐渐成熟，形成自己的日常行为准则。

我们逐渐成长为孩童的过程中，身边的父母会对我们产生很大的影响。孩子会倾向于接受自己父母的想法、态度和行事方法，而不是那些不负责抚养自己的人的态度。所以如果某个孩子的母亲经常易惊慌，或者经常警告孩子说生活中充满危险（比如过马路一定要小心；提醒孩子不要打篮球，以免砸伤自己），那么这个孩子就会认为世界本身就充满危险，自己应该对周围的一切保持警惕。并不是说这种想法不好，毕竟某种程度上来说，它确实可以保证你的安全。但是，如果过于盲目相信这一想法，你就会过分关注生活中的各种潜在威胁，关注自己该如何去规避这些威胁，甚至这种避害的冲动会逐步超过你趋利的渴望，而这全都是由个人早期的学习经历带来的影响。

让我们再来假设这样一个例子。当你还是小孩的时候，大家都喜欢玩耍，你可能想去操场上和其他小朋友一起玩，因为这样可以认识更多的新朋友。但是你转念间想起了妈妈对自己的叮嘱：不要去玩游乐设施，很容易弄伤自己；也不要玩篮球，很容易砸到自己，最后你只得放弃了去找其他小朋友一起玩的想法。你可能发现很多自己觉得无所谓的场合，妈妈却常常大惊小怪；做决定时也总是思前想后，甚至到了杞人忧天的地步。当你长大了，你就会发现自己慢慢变得和妈妈一样，做决定前必须好好考虑一番。大学假期的时候，你的朋友兴高采烈地计划着自己的滑雪之旅，你却总是忧心忡忡——担心自己在某个雪坡上不幸跌下悬崖，担心自己摔断了腿，担心自己出了洋相，担心自己变得体温过低等。最终你决定还是以后有机会再去，告诉朋友们自己这段时间太忙了，没法抽出时间去滑雪。或者你也会去，但只是坐在一旁的休息室里默默看着朋友们从山上一个个冲下来，然后心中哀叹自己没有足够的勇气去加入他们。

通过替代性学习以及别人反复叮嘱我们的各种注意事项，我们会将各种各样的想法内化于心。但有时候消极的言语内容也会激发我们的这一内化的学习过程。举例来说，如果在你的童年时，你身边的父母、老师或者其他对你成长影响较大的成人常常对你指指点点、评头论足，那么你可能就更会对自己的目标执行能力产生怀疑，换言之，他人的看法在你的心中内化为"我做不到"这个消极的想法，尽管这些人的批评或指正是出于好意（他们经常会说，"你做得已经很好了，但我觉得你还可以更好"）。

你的表现屡屡被他人批评，你的努力常常被人轻视，但你觉得其实已经尽了自己所能，这些负面评价会让你对自己产生怀疑，质疑自己可曾做过哪怕一件能够称得上是"好"的事情。长此以往，他人的批评之言会潜移默化地影响你，即便别人不否定你，你也会开始贬低自己。

这种消极的声音会助长自我破坏。因为一旦你开始质疑自己的能力，你要么会半途而废，要么会踟蹰不前，不肯付出实际行动。内在观念带来的负面自我诋毁是自我破坏的主要成因之一。如果你觉得自己的努力不会有任何回报（因为潜意识里你其实觉得自己并不会成功），那么你就更不愿付出努力。打个比方，你想跳槽到其他公司，浏览招聘信息时看到了一个各方面待遇都不错的待聘岗位，但是你对自己的面试能力没有信心，所以直接放弃了这个职位，甚至都不愿去递交申请表尝试一下。你过于缺乏自信，就这样放弃了尝试，也不愿意去好好想想应该怎样应对面试，想想怎样解决其中可能遇到的困难。自我概念的缺乏也会使个体极易半途而废。很可能你通过了面试，但当被要求进一步提交详细的材料时你又犹豫了，因为你开始担心自己的履历不够亮眼。负面的自我诋毁让你优先选择退缩而非前进。即使是潜在奖励，也不足以让你渡过难关——因为彼时更好的选择是规避感知到的潜在威胁。

对变化以及未知的恐惧

人类是习惯性生物。常规且熟悉的东西会让我们的大脑感到舒适，因为重复是一种让我们逐渐平静、缓解压力的方法。[11]我们的思维都可以看作是"认知吝啬鬼"（cognitive miser），这个术语首次由心理学博士苏珊·菲斯克（Susan Fiske）和谢利·泰勒（Shelley Taylor）提出，[12] 用来解释我们的大脑用尽可能简单的方法来思考并解决问题的一种倾向。和我们的身体一样，大脑也会感觉到疲倦。如果大脑负载太多信息，它也会感到精力不足，没有动力做出行动。因此大脑总是在寻找各种各样的捷径（我们的日常习惯就是很好的例子），以便遇到困难时，可以依靠这些捷径迅速解决，减少自己的决策负担。

　　在接受任何一种新东西、新事物时，大脑都会把其视为一种施压来源。所以面对新的情况时，我们并不能用已有的一些"自动化程式"来应对，比如每天刷牙、通勤上班，相反，这些新情况会使个体被迫去思考问题的应对之道。突然的巨变，或者同时发生的众多改变，这两种情况都会让我们的大脑感到非常困惑，而且如果个体觉得这类改变会驱使自己走出之前的日常习惯所形成的舒适区，那么他可能会非常抗拒这种改变，并且希望能保持原样，继续自己之前的日常习惯。即使相比未知的改变（重新跳槽到其他公司），你的日常（继续从事那份自己不太中意的工作）其实并不是你自己真正想要的。因为待在舒适区内会给自己的内心以安全感，毕竟明枪易躲，暗箭难防。

　　面对这些如潮水般涌来的新信息（比如威胁性的），如果大脑已经不堪重负，那么它就可能会开始做出非理性的决策。为了保护自己，你的思维做出了留在舒适区的决定，就这样错过了一些潜在的机会，但你的思维会做出自我辩解，它会让你觉得至少这么久以来，你已经学会了如何去解决在"这里"遇到的各种问题，至少你还活着！所以又何必自找麻烦呢？对变化以及未知的恐惧常常伴随着心理威胁，稍不注意就可能触发我们的自我破坏。我们很难意识到这种恐惧会是自我破坏的罪魁祸首，因为它太过微不足道，并不会明显地表现出对自己的目标实现起阻碍作用。所以从某种意义上说，这种恐惧是四个因素中最容易被人所忽略的。但一旦意识到它的存在，你就能克服它，改善自己的生活。

控制欲过强

对于个体的幸福感而言，最基本的一点就是他是否相信自己有能力对自己的环境施加控制，从而达到自己预期的目标。研究人员一直相信，无论是从生理上还是心理上，这种控制感都是极其必要的。[13] 很大程度上来说，这种需求感并非后天习得，而是每个人天生的本能冲动。从进化角度来说，一个人如果可以控制自己所处的环境，那么生存下去的可能性就很大。甚至如果可以预知未来，就可以确定是否平安无事，因为如果有危险临近，就可以早做准备，未雨绸缪。

但显然我们不可能去控制生活的方方面面，这种事光想想就会把人逼疯。但天性促使我们想要对周围的一切保持这样一种掌控感。所以关键在于能够让个体感觉自己是所处环境的主人，因为这会给人一种宽慰感（或者说信心），这种精神力量能推动我们去实现目标或者解决困难。

生活中的很多事都是点到为止即可，常言道物极必反，如果做得过火，好事也会变成坏事。如果这种控制欲充斥在你的脑海，那它反而会阻碍你去实现自己的目标。因为如果在开始实施自己的计划之前，你就希望自己能够时时刻刻感知到整个计划具体到每一天的进度，把握具体的完成日期，那么这种强烈的需求感很可能会对你的目标执行产生强大的阻碍，甚至让你产生强烈的怠惰情绪，不愿意去开始这项计划。这也可能会使你有强烈的半途而废的欲望，因为你的控制欲太强了，你的精神负荷也太大了，任何一点点小的差错都会让你觉得难以接受。那这种情况下，唯一的解决办法就是停下正在做的事，然后转头去做那些你觉得自己可以完全掌控的事。所以你不会参加朋友们邀请的滑雪之旅，宁愿待在家里做一些什么时候都可以做的事（除了去滑雪的时候不能做），比如收拾整理书架。这种过度的控制欲也会助长自我破坏，因为你受其影响，仅仅因为觉得缺乏掌控感就放弃一些机会，却忽视了这种机会能给自己带来怎样的好处。

作为一个有过度控制欲的人，如果你觉得自己很难做到自我认知，那不妨先问自己几个简单的问题：控制欲有没有影响自己的人际关系？你是否会因为在某些小事上失去了控制而一下子生气？你是否会因为自己的控制欲而在工作中总是和其他同事产生些不必要的冲突？你的这种控制欲是不是已经影响到你参加其他的活动或社交，仅仅因为你不知道会发生些什么？如果你的答案是"是的，我被影响到了"，那么我希望你能密切关注上文中所提到的 L.I.F.E. 因素。

现在我们已经对 L.I.F.E. 有了总体的了解。各位读者应该也对具体是哪个影响因素助长了自己的自我破坏有了一定的认识。但是我希望各位可以再向下深入探究一下，究竟哪个是主要因素。尤其需要注意，这些因素会对我们造成不同程度的影响。相比其他因素，某个因素可能给你带来更多的负面影响，所以我们需要意识到每个因素的影响范围。请牢记，意识到这些东西的存在，就已经能够极大帮助我们做出积极改变了——这也正是我们在第一步所需要做的：培养你的意识，让你意识到这些问题，然后就可以根据本书后面的内容直接去解决！

------------------------------------ 练 习 ------------------------------------

L.I.F.E. 中的哪个因素影响着你的自我破坏行为

下面的哪些最符合你的真实情况？诚实即可——别人不会看你的答案！在符合你真实情况的描述的栏目后面打上钩。

	描述	是否符合
A	某一天你的自我感觉很大程度上受情景因素影响（例如别人怎样看待你，别人对你有什么样的反应，你自己的体重是多少）	
A	你觉得自己的自我价值很大程度上由自己取得的成就或为他人做的贡献决定	
A	快速列出五个你喜欢自己的地方，如果你很难在 30 秒之内想出来，或是压根想不出来，请在后面打钩	
A	成年后你仍然会时不时质疑自己，比如"我是谁""我的立场是什么"	
A	当你听说其他人取得了瞩目的成就，私下里你会自问是否也能做到如此	

（续）

	描述	是否符合
B	当你还是孩子时，曾有人告诫你世界充满危险，不值得去冒险	
B	当你还是孩子时，你身边重要的成年人（比如父母、老师）总是会对一些事（比如工作、家庭琐事、自然灾害等）表现得很焦虑烦躁	
B	当你还是孩子时，抚养你的大人也经常会出现自我破坏（不能很好地实现自己的目标；总是对自己的目标进程感到很失望）	
B	当你还是孩子时，抚养你的大人总是对你吹毛求疵，要求严格	
B	回首自己现阶段的人生，你觉得自己在扮演的任何一个社会角色都没有取得任何成就，你似乎还在找寻自己的人生道路	
C	你推崇严格的规章制度，很讨厌那些让自己改变日常习惯的人或事	
C	回首生活中有重大意义的改变时刻（比如乔迁、结婚、求职、入学），相比兴奋，你更多感觉到的是不安和烦躁	
C	在某一个环境中，如果你觉得没有任何值得期待之处，你也会感觉很烦躁	
C	一旦定下了一个重要目标，你想得最多的是"我失败了怎么办"	
C	你至少有过一次这样的经历：尝试一些新的事，结果却失败了，从此你就觉得做些新的改变让人很难受	
D	别人曾经叫过你"控制狂"	
D	在争论中你总是强辩到底，希望驳倒对方	
D	你不只对别人很苛刻，对自己也一样	
D	你总是想着去纠正别人的错误，即使是一些微不足道的小事	
D	诚实一点！你总是认为自己是对的	

　　统计一下你自己所勾选的 A、B、C、D 的数量。你勾选数量最多的那个字母对应的就是 L.I.F.E. 中最主要的影响因素。如果出现了几个字母打钩的数量一样多，那就说明有不止一个因素在影响你，且每个都在助长你的自我破坏倾向。如果某个字母在整

个选择中被打钩的数量最少，那说明它可以为你所用，你可以依靠它来克服其他几个影响因素。如果有一个字母后描述的内容你一个钩都没有，那么我可以很确定地告诉你，这一因素没有对你造成任何自我破坏的倾向——它没有使你去高估威胁。完成测试后，统计一下自己的结果，回头看看之前对 L.I.F.E. 中每个影响因素的简单介绍，对照自己的情况再温习一遍。我同样建议你把这个小测试的结果记在之前我提到的日记本上，这样当我们继续向后学习，进行其他测试并提出相应要求时，你可以很方便地找到这一测试结果。

A = 自我概念薄弱／易动摇　　　　＿＿＿＿＿＿

B = 内在观念　　　　　　　　　　＿＿＿＿＿＿

C = 对变化以及未知的恐惧　　　　＿＿＿＿＿

D = 控制欲过强　　　　　　　　　＿＿＿＿＿＿

这些因素之间的关联

现在我们已经找出了 L.I.F.E. 这四个影响因素，它们影响着我们何时、以何种方式自我破坏。现在就让我们简单概括一下这四个基本因素有何共同点。可以看出，L.I.F.E. 的核心植根于我们人类对于安全和舒适的渴望。本质上，自我破坏就是希望把我们限制在舒适区内。这种自我诋毁的行为可以给人一丝喘息之机，暂时规避诸如压力、恐惧这类的心理威胁。但是下一次面临心理威胁时，自我破坏又会出现，重复之前的规避行为，因为从之前的经验来判断，大脑认为待在原地、停滞不前确实能够帮助我们去应对心理威胁，哪怕只是暂时地逃避。但可悲的是，如果我们不能时不时地接受这些变化和挑战，一切都不会发生改变。

你可能会好奇，如果这些东西并不会帮助我们去实现自己的目标，那为什么我们还是会深陷其中（自我破坏的恶性循环），无法自拔。虽然一遍遍的重复可能出现同样令人不满意的结果，但这种重复和行为模式可以安抚我们的大脑。毕竟大脑的终极目的就是保证我们的生存，经过它的权衡和判断，纵使不断地重复会带来各种同样的问题和挑战，但我们确实依靠从中获得的经验活了下来。尤其如果你近期压力很大，那么墨守成规可能远比冒险做出些改变，承受未知的风险要更好，因为面对未知，我们的大脑还未构建出一套应对之策，也就无法保证我们的生理和心理安全。这种对舒适的需求感阻止了我们认清问题所在，阻止了我们积极地想办法前进，从而也就阻止了我们去改善自己的生活。这是一种错误的保护自己免受伤害、拒绝或失败的尝试，在事情不顺心（因为我们一开始并没有真正全力以赴）时，也给了我们一个现成的借口。

我们可以看到贝丝就陷入了一个这样的怪圈里。改变现状总是伴随着痛苦，所以她选择忽视自己的健康问题，或者做做样子，好像自己认真锻炼了一样，因为这样更轻松，更能让人接受。有一天贝丝突然给我打了个电话，她刚刚离开自己医生的办公室，电话里她声音带着哭腔，嗓子嘶哑。上一次从医生那里回来之后，她确实给自己制订了一系列的饮食和健身计划，但她从未真正落实过。结果这次检查之后，她的医生很是担忧，认为她现在已经从糖尿病前期变成了糖尿病，她现在必须严格谨遵医嘱。他为贝丝介绍了一名营养师和一名减肥顾问，同时要求她从现在开始定期健身。

贝丝现在很讨厌听到"减肥"这个词，因为此前她已经尝试过多次，但最终都以失败告终。所以对她来说，保持现状可能是更好的选择，因为这样更加轻松，尤其是在贝丝看来，减肥几乎就是一项注定失败的尝试。她的妈妈就被诊断患有病理性肥胖，她自己从小也一直比较胖，所以她在心里已经慢慢接受了这种天生肥胖的说法。再加上她现在公务繁忙，家事缠身，实在是没有额外的时间再去健身房锻炼了。所以她现在觉得，眼不见心不烦。她尽量减少照镜子的次数，把自己衣服上的标签都剪掉，免得自己每次穿衣服时再看到。但这样做只会让她离自己减肥的目标越来越远。贝丝越是逃避，问题就会越发严重，她也越发会做出一些不利于自己健康的选择。

很明显，L.I.F.E. 中的某个影响因素已经对贝丝产生了负面作用。有些东西让她一直待在自己的舒适区，但她的幸福感其实并没有增加。我让贝丝去做一做 L.I.F.E. 的测试，帮助她搞清楚究竟为什么自己不能实现目标，找到具体是哪个影响因素把她推向了自我破坏的深渊。让我们也一起来试一试，在脑海中回想一下自己之前那些半途而废的目标，然后你就可以搞清楚 L.I.F.E. 中的四个影响因素如何在影响你，把你限制在了自己的舒适区内。

------------------------------------ 练 习 ------------------------------------

当 L.I.F.E. 拖了你的后腿

回想一个你最近实施起来比较有困难的目标（或是前段时间遇到过的），可能你最开始斗志昂扬，但临近结束时却早已心力交瘁；你可能思前想后，谋划甚多，最终却未付诸实践。请把这个目标在纸上写下来，并确保它尽可能详细具体。这意味着它包含除了你以外的人可以看到和测量的东西，而不是只存在于你的脑海中，并且没有可证明或看到的行为。打个比方，如果你现在脑海中有一个很宽泛的目标——"变得更加健康"，那么你应该怎样写才能让它被客观地测量或感知到呢？你应该写，"每个星期散步3次，每次45分钟"，或者"每个星期只允许破例两天在晚饭后吃一点甜食"。对于任何一个读到它们的人来说，后两个例子显然更加具体、更易执行、更易理解。

当贝丝做这个练习的时候，她写下

目标：确保自己的体重维持在正常 BMI 数值范围内。

目标应当符合 S.M.A.R.T.

当你写下一个目标的时候，一定要记住，你要为之努力的目标一定是可测量、清晰且可达成的。在英语中会使用"S.M.A.R.T."这个首字母缩略词来概括这些要求。这一目标设定指引是由乔治·多兰（George Doran）首先提出的，他认为提出的目标应当：[14]

1. 明确具体（specific，要给出自己明确的进步空间和方向）

2. 可测量（measurable，确保目标可以被量化，或者至少能够记录下自己每天的进步）

3. 可指定（assignable，能够指定具体由某个个体来完成目标）

4. 实事求是（realistic，根据自己现有的资源，写出最终实现目标可以带来怎样的成果）

5. 有时间限制（time-related，具体列出什么时候应当完成目标）

再举一个例子，如果你的目标是减肥，千万不要简简单单只写"我要减肥"这几个字作为目标。它太宽泛了，而且不符合我们上面讲到的 S.M.A.R.T. 要求。一个符合上述要求且更具有驱动力、更有效的目标应该怎么制定呢？如下所示。我将在 2 月之前把体重降下来，并保持在一个健康体重范围内（68 ～ 72 千克），我会采用更健康的饮食食谱（比如 70% 以上素食），结合持久的体能训练（每星期安排三天健身，其中两天为有氧运动，每次 45 分钟；一天为负重训练，维持半个小时）。

现在轮到你自己来了。请你先在日记本上写下自己的计划，然后请思考 L.I.F.E. 代表的四个影响因素：自我概念薄弱 / 易动摇、内在观念、对变化以及未知的恐惧、控制欲过强——一次想一个就够了，然后问一问自己，究竟是哪个因素在阻碍着你去实现目标。如果某个因素确实影响了你，那么请你在脑海中对其进行总结，然后简要记录在自己的笔记本上。接下来我会提供给各位一个表格，你可以把刚刚总结的内容填在表格里，再把这个表格誊到本子上。

当我想到自己的目标时，我的 L.I.F.E. 因素会是怎样的	
自我概念薄弱 / 易动摇	
内在观念	
对变化以及未知的恐惧	
控制欲过强	

为了帮助你完成这个练习，我们先来看看贝丝是怎么做的。

自我概念薄弱 / 易动摇

当贝丝在思考这个影响因素时，她立刻就发现了一个问题：从小到大，她一直很少注意控制自己的食物摄入量。八岁那年，父母给她报了一个芭蕾舞培训班。芭蕾舞训练对形体有着严格的要求，所以大家经常会测量体重。她回想说，自己好像总是比身边的同龄人要重那么一点点，所以实际上她九岁就开始节食减肥了。有时候她一天只吃一顿晚饭，白天就只吃几根芹菜。但是因为白天吃得太少，晚上就会很饿，所以晚饭的时候她就会补偿性暴食，吃比以往多两倍甚至三倍的量。第二天她虽然会有些负罪感，但是无济于事，到头来还是重复前一天的循环。

后来我逐渐确定这些经历对贝丝的自信心构成了冲击。她的自尊心已经受到了伤害，尤其当她想到有关健康的目标时。看着

27

其他人似乎轻而易举就可以达到理想体重，她不由得开始质疑自己的能力，不确定究竟能不能减肥成功。为了保护自己的整体自我概念，她放弃了自己的减肥目标。她告诉自己不必执着一些不可能实现的东西，并开始把自己的重心转移到生活的其他领域，她确实感觉自己的控制感更强了，比如对自己的工作、友谊、兴趣爱好以及婚姻。随着时间的推移，对自己肥胖问题的逃避逐渐巩固了她的思维——"对于肥胖，我无能为力"，同时也助长了她的自我破坏。因为她刻意减少了对自己体重的关注，所以也就不会去做一些对控制体重有帮助的事（比如定期健身，拒绝所有的垃圾食品），那么她的肥胖问题显然只会越来越严重。你能理解发生在贝丝身上的这种恶性循环吗？我对这种心情深有体会，毕竟每个人都希望自己充足的准备和辛勤的付出最终能够得到收获和回报，但有时候现实是残酷的，而且这个时候我们越是逃避，问题就会变得越严重，直到最后完全失去了控制，这时我们什么也做不了了，只能撒手不管。这样的恶性循环会一遍遍地将我们拽回自我破坏的怪圈。

内在观念

贝丝的母亲也和自己的肥胖问题搏斗了一辈子。贝丝小时候就经常听到母亲抱怨说自己该减肥了但总是减不下来。家里也总是堆满了各种减肥产品。只要是你叫得上名字的产品，她几乎都有。在贝丝印象中，每年只要过新年，她妈妈必定会制订一个包括减肥在内的新年计划。她和肥胖的斗争就一直这样持续下去，作为她的女儿，贝丝是母亲减肥历程的第一见证人，她经常听到自己的母亲坐在晚餐桌前嘀咕道："我真应该少吃点的，但是这周我的节食计划又失败了，再吃一点应该也没关系。"她也经常听自己的母亲和朋友聊天时这样说："我是不是应该放弃减肥的妄想，就这么一辈子胖下去算了。"

贝丝一直把母亲视为自己的英雄，所以看着母亲苦苦和肥胖做斗争，无疑也对贝丝产生了巨大的影响。这对我们所有人都是一样的，如果我们发现生活中被视为自己偶像的某个人同样没能实现自己的目标，或者在实现目标的过程中犯了很多错误，那我们就会开始想：如果连他都没有能力解决，那我又为什么会怀有希望，认为自己可以做到呢？通过对母亲的观察，贝丝觉得自己未来肯定也和母亲一样。这不仅因为贝丝可能从母亲那里或多或少继承了肥胖的基因，更重要的是，随着成长，贝丝已经把母亲的想法和行为内化到了自己身上。贝丝自己可能都没能意识到这一点，但是她在成长过程中与食物产生了一种不健康的关系，这种不健康的关系是由她自己所处的成长环境所导致的。因为从小受她母亲的影响，所以她会把某些特定的食物视为洪水猛兽，唯恐避之不及；同时她的一些负面的情绪表达或者自言自语也大多是发泄对没能如愿减肥的不满和烦躁。

很明显，因为贝丝已经内化了这些负面的思想，所以长大之后对于任何有关自己饮食摄入管理的目标都表现得很抗拒。对贝丝来说，任何时候只要涉及自己的体重管理问题，她的内生趋避冲突就会变得非常强烈，但在生活的其他方面，其他甚至更加难以实现的目标，她都能处理得当。贝丝其实知道，能够赢得这场和肥胖的战争会给她带来潜在回报，但是避害冲动主导了她的思想、情感甚至行动。贝丝发现自己正在使用母亲当年失败了的体重控制方法，想要控制自己的体重时，她感受到了与母亲相似的消极情绪。在厨房餐桌前从母亲那里学到的内在观念在贝丝的生活中发挥着作用，她认为自己需要减肥，但她显然无法做到这一点。就像她在过去学到的经验教训，如今在她没有意识的情况下，仍然在起作用。受 L.I.F.E. 影响所产生的行为成为你的默认行为，重要的是你要提高对它们的认识，这样才可以摆脱它们对你的影响。

对变化以及未知的恐惧

"你会去害怕未知或者是变化吗，贝丝?"我问道。"一点也不怕!"她飞快地回答，"我很期待看到各种各样的变化，而且在我的职业生涯中，我也尝到了冒险所带来的种种甜头。"不得不承认，她的这种想法倒是让我想起了其他许多害怕新环境的人。毕竟在贝丝的职业生涯中，她因为各种工作调度已经辗转过十多座不同的城市了，每次她也不会感觉到丝毫的焦虑。结合大多数人对未知感到不适，我觉得贝丝能够这样面对未知和变化是非常棒的。如果一个人苦苦挣扎于对未知或变化的恐惧，那么一旦他对自己的未来没有极为具体的规划或认识，很容易就会产生畏缩心理。如果没能把所有关于未来的信息牢牢地把握在自己的手中，他们就会犹犹豫豫，不敢踏出那一步——就这样放弃了未来所有可能让自己有所进步的机会，也阻碍了自己获得奖励。

我告诉贝丝，既然这个影响因素并没有对她造成负面影响，那么她可以将其作为一个着力点，依靠这一点去解决 L.I.F.E. 中的其他几个负面的影响因素。我也在帮助她尝试着去理解一点，虽然面对未知的勇敢确实让她在自己的职业生涯中获益良多，但更重要的是能够将这种优势加以引导并扩大其积极影响，改变自己现在不健康的生活方式，从而能够更进一步地帮助自己克服在其他方面的自我破坏问题。因为贝丝很少会表现出羞于面对新事物或新挑战的情绪，所以我觉得这一特质会帮助她更自在地去尝试各种新的方式，从而找到对她有效的方法来阻止自我破坏。打个比方，相比传统的通过节食的方式来减肥，贝丝更适合灵活的、有多种选择且允许有外出就餐机会的饮食计划，因为贝丝尤其喜欢（而不是害怕）新奇的事物，对食物也是如此。至于健身方案，相比单调地重复某项运动，比如在跑步机上跑步，贝丝更适合多种运动项目组合的健身方案。或许通过冒险之旅或运动静修开始饮食和锻炼计划会吸引她，并有助于她做出改变。

如果贝丝确实有这种对于未知和变化的恐惧。她又应该采取截然不同的做法，她就更适合和自己的朋友一起结伴去健身房锻炼，这样就不会孤身一人，默默忍受一个新的健身环境所带来的不适感。相比于完完全全颠覆她现有的饮食习惯，她更适合通过逐步减少自己喜爱食物的摄入量来节食，这样她就不会感觉自己好像重新切换到了一种新的饮食结构——从而能够减少新环境所带来的畏惧或不适。

控制欲过强

　　讨论这个因素的时候，贝丝反复申明自己绝对不会有控制欲过强的问题。但作为贝丝几十年的老朋友，我不得不说，贝丝绝对是一个十足的"控制狂"（并没有贬低她的意思）。很简单，她喜欢控制别人并且沉醉于这种控制感，甚至在缺少这种控制感时，她就会感觉全身不自在。贝丝在小时候就表露出了这种控制欲，可能是因为贝丝从小就由于父亲的工作调度，随家人搬迁过很多次，所以她每次都需要结识新的朋友，适应新的环境，抛弃旧的人际关系。但是每到一处新的环境，作为孩子中年龄最小的，她又总是要服从别人的决定，而这些决定在她看来往往非常不合逻辑。所以她慢慢地认识到"控制"是个好东西，它可以给予自己一直渴望的安定感，而且她希望能够成为同龄人中的"小灵通"。

　　青少年时，我就经常记得贝丝和那些试图告诉她应该怎么做的人发生口角，因为她觉得这些人不应该和自己争夺主导权，况且事实证明每次自己做出的决定都是对的。她这种强烈的控制欲甚至对我们这些朋友也造成了困扰，因为我们有时候也想为她做点事。但贝丝并不喜欢所谓的惊喜聚会，所以很快我们就改变了策略。如果我们想给贝丝一个惊喜，那么最好的办法就是提前很久就告诉她，这样她就能够有充足的时间做好准备去迎接惊喜。但是我慢慢发现，控制欲正逐步损害她的人际关系。她总是和丈夫吵架，因为贝丝觉得他总是喜欢临到最后关头改变计划或行程。实际上贝丝是可以应对这种突发情况的，但是她更喜欢有充足的准备时间，所以这一点让她不太舒服。朋友们对她这一点也很苦恼，因为每次想为她精心准备一个惊喜或一场派对，贝丝都喜欢指手画脚，甚至有些喧宾夺主，这总归让人有些不舒服。

现在你应该已经对 L.I.F.E. 的四个影响因素总结出了自己的一些想法，接下来就请填写下面的这个表格。

当我想到自己的目标时，我的 L.I.F.E. 因素会是怎样的	
自我概念薄弱／易动摇	
内在观念	
对变化以及未知的恐惧	
控制欲过强	

然后我们来看看贝丝是怎么填写的。

当我想到自己的目标时，我的 L.I.F.E. 因素会是怎样的	
自我概念薄弱／易动摇	对于自己的体重，自尊心较弱
内在观念	自己的母亲从来没有减肥成功过
对变化以及未知的恐惧	我并不害怕
控制欲过强	讨厌偏离常规或是所谓的惊喜

了解了 L.I.F.E.，你就有机会了解自己自我破坏的原因。对贝丝来说，她的低自尊和体重问题之间有着千丝万缕的联系，她经常能够听到母亲无望地抱怨说贝丝没能够很好地控制自己的体重，而贝丝又有极强的控制欲，以至于完全听不进别人对自己的安排和建议，以上种种都在阻碍贝丝去成功实现自己的减肥目标。理智上，贝丝知道医生说的是正确的，但她就是不能改变自

己的饮食、健身计划。这些 L.I.F.E. 影响因素就像水底湍急的暗流，把你拽向失败的深渊，而非成功的彼岸；但是，如果你已经清晰地感受到了这些汹涌的暗流，那么就可以提前采取一些措施去避开它们。

快速练习：回顾 L.I.F.E.（10 分钟）

该练习能够帮助你建立起新的、积极的联系，打破原有的 L.I.F.E. 和自我破坏之间的联系。请你首先回顾你填的 L.I.F.E. 表，然后判断一下觉得哪个是导致你自我破坏的最主要因素。如果你在先前的练习中只识别出了一个影响因素，那这第一步就会比较容易；如果和大多数人一样，你感觉不止一个影响因素在影响着自己，那就稍微有些麻烦了。如果你不能区分每个因素的重要程度，那就请想一想哪个因素发生自我破坏的时候影响最大。如果实在无法确定哪个因素最主要，我这里有一个小技巧可以帮助你。一般来说，对你自我破坏影响最关键因素是

1. 看到这个问题时脑海中想到的第一个因素——这是你的本能反应。
2. 对其情绪反馈最激烈的——最困扰你的那个，准没错。
3. 在"练习：L.I.F.E. 中的哪个因素影响着你的自我破坏行为"中打钩数量最多的那条。

现在你应该能够判断出哪个因素影响你的自我破坏了，在表中把它圈出来，然后把它写在小纸条上，随便贴在身边什么地方（床头上、镜子边），确保你一天能看见几次就行。把它单独列出来就是为了确保你能时刻把它记在心上。在这场与自我破坏的战斗中，理论知识终究只是一部分，我们还需要把理论和行动结合起来。这里有一个小技巧，这一点也被许多我的其他来访者所证实有用，那就是选择一首与他们的 L.I.F.E. 因素相对应的歌曲。这个技巧可以帮助你重新整理想法，把它引到一个积极的方向，而且当你已经找到了那个最主要的影响因素，并且对它足够重视，这个技巧就可以防止某个因素所产生的消极想法侵蚀你的思想。所以可以试试先浏览一下你的音乐列表，然后挑一首你觉得与你的 L.I.F.E. 因素完全相反的歌曲，播放这首歌曲，认真感受它的旋律和歌词。调查研究表明，音乐对人的情绪甚至脑功能有显著影响，它能够帮助我们集中注意力、[15] 调整心情和思维。研究还表明，听音乐能够帮助我们的大脑更好地整合信息。[16] 好的音乐作用还不止这些，它能让我们更加自信强大，更加积极上进。[17]

打个比方，儿时的贝丝过于关注母亲对体重问题的消极自我抱怨，并把这样的负面信息内化到了自己的思想和行为中。她认为这一因素是导致自己现在这种情况的罪魁祸首，因为这一因素给她带来了强烈的情感反馈——当她回想起这些儿时的经历时，会感觉非常无助。为了不再让这一因素继续影响自己的健康甚至体重，贝丝选择了瑞秋·普拉滕（Rachel Platten）的《战斗之歌》

（*Fight Song*）。她觉得这首歌能给她动力，能让她觉得自己的目标仍旧值得奋斗，能让她在这场战斗中重拾信心。

短期练习：L.I.F.E. 索引卡片（接下来的 24 小时）

该练习的目的在于建立起你对自我破坏的日常意识，因为如果你不知道自己在做什么，就无法改变它。这个练习还能够帮你具体判断哪些情形会触发你的自我破坏机制。

首先还是请你回顾自己的 L.I.F.E. 表，再次确认哪个是影响你自我破坏的因素。然后找一张小卡片，把你在表中对这个因素的描述誊到小卡片上，在接下来的一天内随身携带，放在口袋或者钱包里。如果在随后的一天内，遇到了符合你这一描述的事物或情景，把卡片拿出来，然后在右上角打一个小小的钩，简略地记录下具体情况。比如贝丝就写下了她去聚餐时的经历，席间她看到一位身材非常好的女性；或是一个朋友或亲戚让自己想起了曾经的减肥目标，让她感觉自尊心受到了伤害。在这些情景下，她发现自己会出现自我破坏，开始狂吃布丁或其他甜品，即便丝毫不觉得饿。

一天以后，计算一下打钩的总数，对这些触发了你 L.I.F.E. 和自我破坏的情形，请在脑海中回忆一遍，每天你受这些 L.I.F.E. 因素影响的次数是量化它对你影响的一个重要指标。你可能会发现某些信念在你感觉状态不佳的日子里更活跃，或者这些想法与特定的活动、项目、人或事件联系在一起。在后续的步骤中，我们会继续向下深挖这些想法、情感和经历。但是现阶段我只需要你多注意这些 L.I.F.E. 因素，并且对这些触动你思想的情景或经历保持记录就可以了。了解 L.I.F.E. 的心理运行机制就好比在具体的情景中放置一个"警示牌"，一旦注意到这个"警示牌"，你就需要全神贯注，开始提防自己的自我破坏了，后续我们会继续深入！

长期练习：我为何自我破坏（之后的一个星期）

该练习进一步向下探索助推你解决自我破坏的一系列潜在问题，从而帮助你打破旧的负面联系，重新构建新的、更加积极的联系，同时帮助你远离那些消极想法，减少它们对你的生活造成的影响。接下来请你在自己的日记本中新开一个记录页，把接下来一周的笔记内容写在上面。把这一页命名为"我为何自我破坏"。我承认，这样直白地把它写出来，确实让你有些难以接受，但这样才能实现最好的效果。你正试图直面那些阻碍你达到最好目标的阻碍，一种叫作"满灌"（flooding）的方法[⊖]可以有效地帮助你实现这个目标。心理学家托马斯·斯坦普尔（Thomas Stampfl）1967 年首次提出了这种疗法，[18] 行为疗法研究表明，对于那些将恐惧的刺激（例如一个想法或一种情况）与消极结果

⊖ 满灌疗法（flooding therapy）也称暴露疗法、冲击疗法或泛滥疗法。这种疗法不给患者进行任何放松训练，让患者想象或直接进入最恐怖、焦虑的情境中，以迅速校正患者对恐怖、焦虑刺激的错误认识，并消除由这种刺激引发的习惯性恐怖、焦虑反应。——译者注

（例如消极情绪或想法）联系起来的人来说，满灌疗法是一种有用的方法。

研究结果表明，越是暴露在这种令自己恐惧的想法、情景或者事物下，反而越能减少它带来的情感冲击。现在有很多行为疗法宣称能够有效缓解各种类型的恐惧和焦虑，它们都是以这个研究结果作为自己的理论基础。[19] 当你强迫自己面对恐惧时，它会启动一个心理过程，帮助你清楚地认识到该如何去解决恐惧。

通常来说个体的行为都是受情绪驱动的，所以首先你需要缓解自己情绪中的焦虑和压力，这样才能更好地让情绪为己所用，更加积极地去实现目标，同时转换心理状态，让自己更乐意于去趋利而非避害。方法之一就是把自己"暴露"在这种想法之下：我确实在自我破坏。勇敢地承认，并大声地说出来："是的，我就是在自我破坏。"大方承认就好了，这没有什么不好意思的，每个人都偶尔会有自我破坏的时候。保持积极的心态可以增强个体的心理韧性，去更好地抵挡避害而非趋利的盲目冲动，特别是如果你能够客观地看待这个问题，就会发现自己想"避"的害其实并没有想象中那样糟糕。放宽心，去接受这个事实，每个人都会时不时做出这样的蠢事，因为自我破坏已经深深地植根于我们的生理机制之中了。你不是特例，而且你有机会去改变它！

现在请深呼吸，再回顾一下自己的 L.I.F.E. 表，再次判断一下哪个是引起自我破坏的影响因素，然后在笔记中写下它具体的触发情景。

接下来在手机上定时 5 分钟，自己在脑海中复盘一下该因素具体是怎样一步步影响你的自我破坏的。请注意，不要随意地评判自己的想法；脑袋里想什么就写什么。如果思维受限，可以问问自己下面这几个问题。

1. 这个想法第一次是什么时候在你脑海中落地生根，请描述一下你对当时的一些记忆。
2. 在过去的 72 小时中，这一想法影响了你多少次？
3. 曾经有人直截了当地点出该想法吗？具体有多少次？
4. 该想法是如何影响你的行为的？
5. 如果你抛弃该想法，会产生什么样的不良结果？

5 分钟计时结束后，请立即停下笔。然后回头看看自己所写的内容。你就可能发现这些想法具体如何被触发——是不是由特定的人或地点引起的？在你的生活中（无论是过去还是现在）是否有这样一个特定的人，他代表着这种想法，或是在你的心中强化了这一想法？是不是某些特定的时候，这种想法会引发你的一种强烈的冲动？是不是某些特定的行为会触发该想法？不用把这些问题的答案一一写下来，在本子上记下主题即可。

在接下来的一个星期中，每天重复这个练习，在列表中添加新的主题。可能到后来你会感觉没有什么新的主题可以添加进去。没关系——就坐着看着你的笔记本，直到计时结束。

一个星期结束后，对本子上记下来的内容进行全面总结。总结反思有助于你的学习，并继续帮助你察觉哪些因素拖住了你。暴露问题可以帮助我们更好地直面问题，从而消解自我破坏的行为方式。希望现在你已经熟悉了自我破坏的原因，能够将自己的行为模式与一两个 L.I.F.E. 因素联系起来，正是这些因素让你发挥失常，并优先考虑避害而不是趋利。现在反思一下这些想法是如何演变的。你知道它们源自何处吗？对大多数人来说，这些想法来源于他们的童年早期、重要的人生经历，或是生活中重要的人的影响。在继续下一步练习之前，请确保你已经清楚了这些想法的来源，搞清楚这一点有助于你判断何种具体情境会触发自己的自我破坏，这时你就可以选择使用合适的技巧和方法来面对。

————

这一系列练习可以很好地帮助你巩固对自我破坏动机的理解和认识。揭开这些认识和想法的神秘面纱，清楚地认识它们什么时候会被触发且产生影响，客观地判断它们给你带来的负面影响，只有这样才能更好地了解它们，也就能想出合适的应对之策。

接下来呢

理论知识只是第一步！在完成了这一章里面的诸多练习之后，你应该对自己何时会出现（或是已经出现）自我破坏有了更多的体会。同样，对于 L.I.F.E. 代表的四个影响因素，你也应该有了更加深刻的理解，你会更加清楚究竟是哪个或者哪些因素触发了自己对于趋利和避害这两种心态的转换，从而阻碍了自己去实现目标。通过对 L.I.F.E. 代表的四个影响因素的介绍，我们了解到自我破坏的动机深深地扎根于个体的想法、感知、思维和行动中，它们往往来自每个人的童年早期、重要的人生经历，或是生命中重要的人的影响——这也就解释了为什么在一开始我们很难意识到这些东西，因为经过了这么长时间，它们已经成了我们的一部分，所以我们也就需要大量的练习才能将其根除。现在你知道了，你对自我破坏线索的新认识和高度关注，以及接下来要学习的六步骤法中的工具，都是快速有效地改变你的行为的基础。让我们从第一步开始：确认自我破坏触发因素。

第1章 确认自我破坏触发因素

　　每天，我们的脑海中都会划过成千上万不同的想法，但大脑不会把每一条都表露出来。那些反复出现的想法大多被我们忽略掉了，比如我们早上起床发呆，或是通勤时脑袋里想的那些乱七八糟的想法。多数情况下，我们被自己的习惯推动着向前，不需要自己过多思考。如果想体会这种感觉，你可以试试用非惯用手刷牙。很神奇是不是？

　　然而，还存在着另外一种不那么常见的自动思维。那就是我们的自我破坏触发因素，它们几乎成了习惯的一部分，以至于我们的思维很难去把它们单独区分开——和那些每天构成我们一个个日常习惯的自动思维区分。只有工作进入了死胡同，健康一天天变差，人际关系逐渐冷淡，梦想一点点破灭，生活变得一团糟之后，我们才会最终意识到这些想法的存在。

可能在我们看来，自我破坏如同凭空而来，但事实并非如此。你如何看待自己，如何看待此刻自己所处的情景，都会在很大程度上影响自我破坏行为。回想一下自己小时候看过的卡通片，每当主人公面对一个抉择时，内心总是会摇摆不定，两边的肩膀上分别站着小天使和小恶魔，都竭尽所能地用自己的观点说服他。虽然主人公心底里可能并不认同恶魔，但最后总是被他的低语所诱导。我们内心这些负面想法本质上并不邪恶，它们也不会真的如同动画片里一样时时刻刻在你耳边低语，但它们所造成的影响却丝毫不差，它们会诱导你去做一些对自己不利的事，使你在实现目标的过程中渐渐偏离。

这些消极想法不为人知的另一个原因与我们大脑的功能有关。我们的大脑时刻在储备着能量和资源，确保人体有足够的精力去应付那些消耗大量精力的事情。一项新的研究结果表明，当动物暴露在相同的刺激下时，体内更加节省能量的抑制细胞数量激增，那些在新的或独特的刺激下才会被激活的兴奋细胞（excitatory cell）数量则显著下降。[1] 简单来说就是，对于那些旧的、重复性的信息，我们会自动处理，大脑会优先调动它的一切资源和精力去处理新的信息。这条关于大脑的法则已经成为众多世界领袖以及商业大亨生活中的常用技巧了。他们每天穿同样的衣服，吃同样的一日三餐，以此来节约自己宝贵的精力，[2] 凭直觉和习惯去自动处理那些无关紧要的决策，避免在处理其他可能关乎千万人命运的重要事务时感到决策疲劳（decision fatigue）。[3]

多数情况下，我们的大脑会默许生活中的各种日常习惯。这一点对个体来说确实很有帮助，但这种心理机制同时会屏蔽我们对某些想法的感知，这类周期性出现的想法其实会破坏我们的自我观念、行为以及和他人的互动。这不是什么新鲜事，大脑在大多数情况下不会特别关注这些消极的想法，从而使这些想法潜藏在我们意识的暗流之下，造成破坏。我们的思维渴求认知协调（cognitive consonance）。因为我们希望能够在思维和行动上形成和谐，所以对思维和行动发生冲突之时产生的认知失调（cognitive dissonance）极其反感。一旦产生了某个消极的想法，我们可能会付诸实践，如果事后进行反思，会发现这样做对自己其实并没有好处。[4] 实际上，如果在我们的思维体系中同时出现了两种迥异的想法、观念甚至价值观，那么我们就会感受到强烈的心理不适。如果我们的行为和想法相悖，或是了解到任何冲击已有价值观的新信息，我们同样会感觉到这种不适。我们的思维倾向于去认同已有的认知，这种现象被心理学家称为证实偏差。

如果我们对某个事物有先入之见，然后凭借先入之见对某个人或某个情景下了论断，这就是证实偏差。这样的论断不仅适用于他人，也适用于我们自己。比如，如果你觉得自己很笨，那么如果旅途不顺心，你会责备自己的笨拙，而不是崎岖不平的马路。证实偏差的影响不局限于此，如果你支持某个政党，就会更加关注与其有关的正面信息和这个党派的其他支持者，多数情况下你不会去关注那些与自己立场相左的消息，基本上也会有意忽略其他反对派的意见，甚至有时候会被他们的话触怒。

我们会尽量避免接触那些可能导致自己心理不适或者认知失调的信息，[5] 同样对于那些撼动现有认知的信息，我们会在脑海中对其加以改造，使其符合自己已有的认知和行动。研究结果表明，当我们经历这些令人不悦的心理不适及认知失调的时候，最想做的就是尽快摆脱这些负面感受。[6] 偶尔我们确实可以摆脱自己的证实偏差，并且真心地想去改变自己的固有观念，从而接纳那些新的信息和想法，但这种情况实在鲜见，因为需要花费很大的功夫，而我们的大脑一直在节约能量（没错，我们后面会经常提到这个说法）。有时我们甚至都不会注意到证实偏差，因为这一思维过程已经在大脑中根深蒂固了。证实偏差可能会引起自我破坏，尤其是当新信息可以使我们更仔细地审视自己的行为，并改变不起作用的行为时。

我的朋友安妮是一个很好的例子，她沉迷于吸电子烟。其实她自己很清楚尼古丁具有成瘾性（讽刺的是，她自己就是一名临床研究员，专门研究长期摄入尼古丁对青少年的影响），但她说吸电子烟的危害远小于抽烟，况且自己吸电子烟只是为了放松。由于从事研究工作，她每天都会接触到大量有关吸烟的健康风险信息，甚至有些还是她自己参与收集整理的，但她对此统统漠不关心，因为她说自己研究的是吸烟对青少年的影响，不是像自己这样的 30 多岁的成年人。她引用了大量的事实证据，表明很多人吸电子烟却没有丝毫健康问题，之后依旧我行我素，每天都抽电子烟。因为凭借着自己认为吸电子烟对健康无害的先入之见，她已经在内心中消解了其他人关于吸烟有害健康的说法，也就没有了吸烟的阻碍。所以如你所见，有些时候我们很想达到认知的平衡，反而出现了自我破坏，放弃了那些本来会对自己有好处的想法。她巧妙地歪曲了自己的认知，从而让自己能更加心安理得地吸烟。

另外，也有些人会改变自己的行为，使之与自己的固有认知相合。我的来访者安迪长期以来由于内心缺乏安全感，一直不能很好地接受他人的恭维和赞扬。如果在工作中他意外被表扬了，常常感到受宠若惊，因为他觉得自己配不上这样的赞扬。虽然上司一直称赞他长久以来对公司的贡献，但冒名顶替综合征（impostor syndrome）始终让他对这些称赞感到如坐针毡，芒刺在背。[7] 长期对自己的能力和技术的消极看法与他目前被升职的积极情况相冲突。所以很快，他屈服于自己的想法，开始按照对自己的固有认知行事。他一反常态，开始上班迟到；因为没有留足准备时间，他只得草率完成项目方案；有需要时，他也不向自己的同事求助。很快在晋升后没几个月，他就因为工作表现太差而被开除。

杰克和安迪一样，不能很好地协调自己的固有认知和现实情况。杰克现在这份工作已经干了五年，但他评价它"毫无前途可言"。大学期间他认真学习，作为学校的荣誉毕业生毕业，是他们这届应届毕业生中最先找到工作的。然而随着时间的推移，杰克逐渐觉得这份工作非常无聊，没有任何挑战，也不能让他提起丝毫的兴趣，更糟糕的是杰克自己又不愿意去申请新职位。每当他面对一个新的工作机会，他都不可避免地产生自己申请不上的想法，常常自言自语："我没有足够的工作经验，他们不会选我的"，或"如果我递交了简历，他们没有录用我怎么办，这太尴尬了，要是这样，我一辈子都忘不了"。他太害怕失败了，所以他不能迈出自己的舒适区，去寻求更有前途的职业。

减少认知失调是我们每个人的原始冲动，所以在毫不知情的情况下，这种冲动就已经在改变你的思维和行动了。你要做的第一件事就是不要再让这些行为无风起浪，找出这些隐藏在暗流下的自我破坏触发因素。

找出自我破坏触发因素

消极的自动思维，抑或自我破坏触发因素，就像在暗中蛀蚀房梁的白蚁。单独来看，它们每一个都微不足道，但积少成多，最终会造成难以想象的危害，可能摧毁"大厦"的基础，并破坏整个建筑结构。消极想法就像暗中侵蚀房屋的白蚁一样慢慢腐蚀着你，而且因为它们隐藏在潜意识之中，很难被人察觉，往往等你的人际关系如一团乱麻，出现健康危机，工作受挫后才发现它们，但为时已晚。

你可能会觉得，如果有东西能对自己的生活造成这么大的影响，那一定如暗夜中的煌煌火炬般引人注目，但由于种种原因，它们潜藏在意识之下，根深蒂固却几乎不能被察觉丝毫。

1. 它们是**自动思维**，不会有明显的主观感受。
2. 它们是**习惯性思维**，往往被人视作理所当然，以常理视之（所以运转时丝毫不需我们注意）。
3. 它们**转瞬即逝**，来无影去无踪，往往只会持续几秒钟（但它们会反复出现，对个体的行为大肆破坏）。
4. 它们往往**很简单**，所以看起来像是我们的认知捷径；通常不是以完整的句子形式出现，大部分情况下以简单的图像或符号示人。

想找出自我破坏的触发因素，往往需要自我检视。长久以来这些想法都潜藏在意识之下，而且你的大脑把它们分门别类，存储在已知信息里，因而也就没有太多关注。当我们想去检索这些自我破坏的触发因素时，就好比在自家屋子阁楼或地下室里的那一堆老古董里刨来刨去。可能你在里面没有找多久，但翻找过程中看到的物件会勾起你尘封已久的回忆——那些曾经或是一直对你的生活产生重大影响的事情。通过找出和检视自己的自动思维，我们会发现一些在过去形成的想法现在仍会触发自己的自我破坏行为。

接下来的这个小测试可以帮助找出你身上最常出现哪种自动思维，从而让你的注意力聚焦在危害最大的自动思维上，然后制订计划缓解它们给你的生活带来的危害。

-------------------------------------- 练　习 --------------------------------------

确认自我破坏触发因素

仔细阅读下面几个具体描述的场景，在符合描述的栏目后面打钩。如果此项描述符合你的真实情况，那么请在后面的"相符吗"栏中打钩。完成这个练习之后，我们就能更好地探索触发你出现自我破坏的原因。

	触发因素是什么	
	具体情境	相符吗
A	你很好地控制住了自己的饮食，但是感恩节晚餐一不小心吃了太多，你当即决定，既然已经搞砸了整个计划，干脆就开始放松享受假期，等到 2 月的时候再从头开始节食	
	你已经约会好几个月了，两人关系进展迅速，一切顺利，但是突然间因为其他事情，你们的关系急转直下，无奈分手。你非常沮丧，从此安于单身现状，觉得自己再也找不到对象了	
	老板批评了你精心准备的策划方案。他的评价让你非常恐慌。你担心自己可能会被降职，甚至可能被辞退	
B	经过长久的准备，你终于找到了一份工作。尽管上司已经表明目前为止对你的工作表现很满意，但为了向其他同事展示自己的勤恳和奉献，你仍然连续好几个晚上自愿留在办公室熬夜加班。你精疲力竭，脾气也变得越来越暴躁，但仍然坚持自愿加班来"证明"自己的能干	
	在你健身的健身房，动感单车课非常火爆。虽然你其实并不喜欢骑车，但仍觉得每周应该上几次课，因为这是保持体形的最好方法	
	某一天你突然感觉情绪低落，想找最好的好朋友倾诉一番，但恰好他这天很忙，不能马上赶过来陪你。这让你感觉很不满，因为你觉得身为最好的朋友，无论何时何地，只要自己有难，他都应该立即来陪伴自己	

（续）

	触发因素是什么	
	具体情境	相符吗
C	你去相亲，还没过 20 分钟，你就急着想走了，因为对方看上去比平均体重胖了快 10 千克，你不能接受这样一个人作为自己未来的伴侣 和别人打网球，你连输了好几局，你觉得自己肯定没有丝毫运动天赋，决定从此放弃打球 在评价你的工作表现时，上司充分肯定了你的努力，但同时提出了几个需要改进的小目标。这之后你倍感受挫，因为你没有得到"完美"评价	
D	几年未见的好友应邀和你吃午餐，却迟到了 30 分钟。整顿饭你都强压怒火，因为你觉得很明显这是他不尊重你的表现，而且对方显然一点儿也不关心你的时间 伴侣问你生日想怎么过，你说"随便，都行"，但心里其实想好好庆祝。生日那天你发现伴侣真的什么都没有做，你马上火冒三丈，跟他吵了起来，因为你觉得即使自己不说出口，他也应该知道你真正想要的是什么 在超市里买菜时，你碰见了自己的邻居，你向他挥手打招呼，但对方并没有回应你，你开始在心里暗自琢磨对方这么冷落你，是不是因为不喜欢你，或是你做了一些让他不高兴的事	
E	在进行了广泛的研报阅读和研究后，你购入了一家很有前途的公司的股票，之后大赚了一笔，你非常高兴，但你转念一想，又会觉得这是运气使然，完全忽略了自己在其中投入的精力和时间 你成功跑完了自己的第一个全程马拉松，别人称赞你的时候你却连忙矢口否认，说自己全程跑得没多快，平均配速只有 7 分 30 秒 工作中，你成功接待了一个新客户，但当其他的同事为你庆贺时，你却非常不舒服，因为你觉得自己只是侥幸成功。你说自己其实没做出什么重大贡献，并反过来称赞你的同事	

（续）

触发因素是什么	
具体情境	相符吗
F　在公司辛辛苦苦工作了一个星期，你的伴侣情绪很不好，焦躁不堪，甚至对你也有点暴躁。你却觉得一定是自己哪里做得不好惹他生气了，然后开始苦思冥想自己到底哪些地方做得不对 去餐厅吃饭，侍应生给了你一个脏兮兮的玻璃杯，你觉得他是故意这么做的，因为对方很讨厌你 外出时，你把孩子留在家里由保姆照看，孩子的手被炉子烫伤了。你陷入了深深的自责，觉得自己要是没有外出和朋友见面，就不会把孩子和保姆留在家里，这样他的手就不会烫伤了	

现在我们来看看你所勾选情景的对应字母，和下文做比较。这些都是自我破坏行为里比较普遍的触发因素。

A. 以偏概全 / 小题大做

B. "理所应当"

C. 非黑即白的思维方式

D. 揣测人心

E. 消极看待问题

F. 归己化

很可能你会发现这些自我破坏的触发因素在自己身上已经出现很久了，也可能你在完成了这个小测试之后仍然没有发现自己的触发因素究竟为何。但至少在完成了本测试之后，你对自己成功路上的绊脚石会更加熟悉一些。

在思考自己的测试结果之前，让我们先来看看杰克是如何处理的，你也可以以此为例，看看自我破坏的触发因素是如何一步步发展的。完成测试之后，对照测试结果，杰克立刻意识到自己最大的触发因素就是归己化和非黑即白的思维方式。每当拿自己和其他人做比较时，杰克就会感到非常有压力，他会在暗地里留意别人的表现和资质，总是感觉自己好像比别人差一截。此外，他也经常暗自揣测，假如自己去申请那份梦寐以求的工作会有什么结果，要么凭借在第一轮面试中的优异表现可以求职成功，但这个情况是完全不可能发生的；要么就是彻彻底底的失败，都没有获得参与第一轮面试的资格。他甚至在脑海中描绘了这样一幅生动的场景：面试官满脸严肃地盯着他递交上来的简历，口中喃喃道："这种人凭什么认为自己有资格进入我们公司？"在他设想的所有可能发生的场景中都充满了极端消极的猜测和假设，比如被嘲笑、被拒绝，甚至是被羞辱。

那么现在该你了，回头看看自己的测试结果，打钩最多的情境所对应的字母选项就是常见的触发自我破坏的因素。在知道了自己的触发因素后，我们再来详细解读每一条究竟意味着什么。

以偏概全 / 小题大做

以偏概全 / 小题大做意味着个体会仅仅根据一个片面的证据总结出一个宽泛的结论，但问题在于证据过少，它可能确实能够证明些什么，但同样有可能根本无关紧要。而且这种情况下所总结出来的宽泛结论往往极为消极。一次失误意味着永远失败，一次错误意味着终身犯错。如果本周上司没有表扬你的工作，你就会开始胡思乱想，自己是不是在公司里很招人烦，但其实几个星期之前老板刚表扬过你。如果没能成功入围第二轮面试，你就觉得自己永远得不到一份好工作。如果一次约会被拒，你就会觉得不会再有人喜欢自己，从此要单身一辈子。

这样的思维方式会让人以消极悲观的观点看待现在和未来发生的事。它同样会改变个体的行为方式。你可能会表现出过度补偿（比如明显地去逢迎自己的上司，或是消极看待恋爱关系），这可能会导致你在和其他人的人际交往过程中处于尴尬的境地，你会放弃尝试各种新事物的机会，拒绝冒险。因为在你看来无论如何结果都是失败，那又何必要去开始呢？

以偏概全会对人产生非常大的限制作用。你不愿踏出自己的舒适区，不愿承担任何风险，如果没有做好迎接惊喜的准备，你甚至会非常讨厌这种所谓的惊喜。所以你会严格限制自己参加的活动，拒绝任何新鲜事物。因为如果不开始，就不存在失败一说。你会对身边可能的线索保持极度敏感，不放过任何一丝可能预示着危险的信号。线索可以看作一种体外信号（意即非个体内生想法），用来识别某一经历，通常还可以唤起个体过去的某一段记忆，甚至引起恐惧（这种恐惧甚至不需要依赖真实经历），然后你会根据这些回忆和想法产生一系列反应。如果你发现了一些暗示危险的线索，你可能认为它会全面适用，总是会导致负面的结果。这种期望会让你改变自己的行为，最终你的预言可能成真。

在最糟糕的情况下，以偏概全和小题大做可能会使你最终决定放弃这个目标。

我们再来想想其他的例子。在工作面试的时候，如果你偶然瞥见面试官微微皱着眉头（线索），表情略显严肃地盯着你的简历，你可能立即就会想起上次上司批评自己的情形，当时他也是这样一副表情，所以你马上觉得自己的这次求职可能没戏了。你焦躁不堪，想要好好回答接下来的问题以提高自己的表现，却矫枉过正，陈述了太多无关的废话，内心只能一遍遍懊悔没有在面试中把自己最好的一面展现出来。之后你发现自己真的没能成功应聘职位，你又用这个事实来进一步强化自己内心的先入之见：我就是不能很好地解决自己的工作问题。长此以往，你的消极想法被一遍遍地强化，最终你放弃了尝试应聘新的工作，安于现状，尽管自己其实对现在的工作非常不满。

再来看另外一个例子，你和相亲对象见面，两人谈话的间隙，你发现对方没有专注于你（线索），反而漫不经心地随意打量这间餐厅，你立刻感觉到焦虑，因为你已经很久没有和陌生人约会了，对方这样的举动是不是暗示着什么？你暗自揣测是不是别人觉得你是一个非常无聊的人，并对此非常担忧，常常暗暗琢磨自己该怎样做才能更受欢迎，顺利找到伴侣。想完这些，你开始过度补偿，问了对方一大堆问题，但不知不觉中整场约会的性质变了味，像是你在审讯对方一样。最后你急忙向对方提出了下次继续约会的邀约，当对方流露出略微犹豫的神情时，你心中马上充满了失望。慢慢地，每次约会前的恐慌和约会后的失望持续折磨着你，你决定暂停相亲，尽管你真的希望有一段让人欣喜的恋爱关系。

这类自我破坏行为的触发因素究竟来源于何处呢？从根本上来说，以偏概全背后体现的是一个人消极的人生观念。你觉得自己不配取得他人那样的成就，觉得好运永远不会降临到自己头上。就像是《小熊维尼》里的屹耳，总是持一种阴暗悲观的世界观。从这个角度来看，你对任何事情都去从负面消极的角度解读，或者简单地将其模糊化，又或者将其视为厄运的先兆，并且坚信这种负面的结果永远不会得到改善，甚至把它扩展到自己经历的任何情景和事件中。

以偏概全通常与内在观念及控制欲过强有关，如果你质疑自己的能力，觉得自己不能做出积极的改变，抑或你觉得只有把事情完全置于自己的控制之下，才有心理上的安全感，那么你可能常常考虑"如果……怎么办"，并且做出彻底的（且通常是）负面的结论来确认你已经存在的、通过某件事形成的负面信念。如果前路未卜，那你会感觉十分恐惧，这种恐惧更让你确信最后的结果一定很糟糕，结果你就更加严格地去限制自己的生活。你不愿意去完成那些要求你走出舒适区的目标，而如果你又是一个控制欲特别强的人，那么你就会采纳"小题大做"的思想，以这样一种畸形的方式达到保护自己的目的。提前做好最坏的打算能够确保你在灾难来袭时已经做好了充足的准备，即使是在最坏的情况下，你依然可以很好地维持自己的掌控感。老话说得好："凡事预则立。"诚然如此，但问题是如果你花费太多时间去假设最坏的情况下会发生什么，那么你可能会一直受到消极思想的困扰，随之而来的就是你的自我破坏行为了。

"理所应当"

对于那些颇有成就的人来说，这条触发因素比较普遍，而且讽刺的是，它其实会导致自我破坏，进而限制一个人的成就。对于那些缺乏安全感的人来说，这也是一个比较常见的触发因素，对他们而言，"理所应当"是为他们提供安全感的一种心理措施，避免自己因犯一些愚蠢的过错而被他人嘲笑。如果这也是你的自我破坏触发因素，那么你很可能有强烈的是非对错观念，并希望尽自己所能去坚守这些想法。这些东西听起来确实很好，但缺点是你会为自己或者其他人定下一系列标准和规范，并希望大家都去遵守它——任何时间，任何地点，没有任何回旋余地。这样的铁律在你看来无可动摇，且放之四海皆准，不存在任何特殊情况，也不存在任何缓和余地。这些观念会使你不仅严格要求别人，同样会严苛地对待自己。如果你打破了一条规则，你就会在内心咒骂自己，觉得自己糟糕透顶。即使没有人会因此质问你，你也有可能会过度反应，在心里一遍遍地为自己辩解，为自己的打破规则寻找正当理由。不管怎样，你都会陷入一个自我责备或自我解释的怪圈——而且无论你怎么做都不能逃脱这个怪圈。

"理所应当"确实很让人烦恼，因为在它背后潜藏着这样一套逻辑：无论你怎么做怎么想，都不能符合要求。尽管我们常说高标准严要求是件好事，但是你的这些标准太过严苛，甚至有些不公平，而且如果标准设立过高以至于不切实际，那么你自己不能好好遵守必然只会是时间问题。为了在某种程度上达到认知协调（即所想与所做相匹配），你很少会质疑自己的这些标准，相反，你会质疑你自己，告诉自己：是"我"没能在某些方面做好充分的准备。在你看来，本应该可以做到更好，而如果没有能够按照自己规定和设想的那样去做，那么你会觉得所有事情都是失败的，无论是工作、学业、人际交往，还是恋情。

这就使一个人容易只见树木不见森林，只见局部不见整体，因为你太拘泥于小细节、小问题，想把看见的所有问题都解决好，哪怕次要问题也是如此，所以容易忽视主要矛盾，不能从总体和全局出发，推动整个体系更有效率地向前发展。一旦发现别人越界了，你可能对他怀恨在心（即使他真的不值得你生气），这会产生人际关系冲突和其他问题，从而导致你失去职业上的机会和社交机会。你可能一边暗自抱怨自己早应该被提拔上位了，一边又觉得自己不配升职。我们再回到贝丝的例子，在工作和婚姻中，她就是自己命运的主宰。她觉得在自己的饮食上也应当高标准严要求，所以设定了一箩筐的"理所应当"。但最终，她总会一条条打破所设立的标准（谁能持之以恒地坚持这么严苛的要求呢），然后将肥胖归咎于自己基因不好、天生如此，她觉得自己正在徒劳地进行一场必输的战斗，甚至会在饮食方面输掉更多的自信。

自我概念薄弱/易动摇以及控制欲过强的人会发现，"理所应当"是触发他们自我破坏的因素之一。如果你自己的自我概念薄弱或者极易动摇，你可能就会为自己和他人设置上文所提到的"铁律"。这是因为你害怕批评，害怕自己永远达不到标准，所以你必须尽可能地努力避免犯明显的错误。而如果你有极强的控制欲，你就会制定这样严格的标准，确保所有事情都处于自己的掌控之中。你希望通过不断地给自己施加压力来避免消极负面的结果，但最终，完美主义、做事僵化死板把你引向了自我破坏，因为生活充满了变数，我们需要灵活处之才能泰然应对。不灵活会让你无法从错误中吸取教训，也会让你在做不好事情时无法改变方向。如果你认为所有的事情都"理所应当"按照你期望的方式进行，当事情没有完全按照计划进行时，你可能会感到失望，而且如果你偶尔逆来顺受，你可能会失去很好的学习经验和其他积极结果。

非黑即白的思维方式

控制欲过强以及那些恐惧未知的人更有可能形成非黑即白的思维方式。形成这种思维模式的人也会非常讨厌模棱两可、模糊不清的情况。这会让你认为决策清晰时，生活会变得容易很多。你很讨厌在生活中遇到那些进退两难的尴尬局面，因为不能去清晰地梳理事件的脉络，而如果能够把摆在自己面前的选择简单地定性为完全的好或不好，你就会觉得非常轻松。列出利弊可能会让你感到紧张，因为你肯定会找到至少一个与任何决定相关的缺点，这使得权衡两个选择的相对好处，并随后做出决定，对你来说更加困难。

非黑即白的思维方式的问题在于过于简化生活中的各种难题，同时把人引向极端化：极端的想法、极端的行为、极端的情绪，你要么高高在上，要么跌落谷底；要么精力旺盛，要么苟延残喘。"总是"和"从不"这两个词被用于描述大多数情况及其最终结果，因为每一种情况都是要么成功要么失败，当你遇到一个小障碍时，就可能会放弃目标。他人的言行或某种情况，可能会让你用一种全或无的结论来评价自己和他人。比如某天上班时你在公司遇到了同事，对方却没有以饱满的热情和你打招呼，你可能就会暗自揣测，这个人太_____（填一个让你觉得不高兴的词）。又比如你在某一次考试中考砸了，你就会觉得"我真是太蠢了，以后肯定没什么出息"。正是因为对生活中这些无足轻重的小事进行的极端解读，你的情绪和你对自己的想法都会被身边的外部事物决定，而不是由自己内在驱动的信念和自我感知决定。可能某一瞬间，你的自我感觉非常良好，但下一秒，一个小小的挫折就击溃了你，你就开始质疑是否真的有能力得到自己想要的东西。

你以昨日的成功来定义自己的优秀，以今日的失败来定义自己的平庸，你宁愿去相信自己最坏的那一面，且依照其去行事。和那些以偏概全／小题大做的人一样，你越是这样担心下去，事情的结果反而越可能如你所想的那样糟糕。比如，仅仅是在第一份工作报告中出现了一个小小的排版错误，你就觉得自己完全搞砸了，不能胜任现在的职位，可能几个星期之后就要被炒鱿鱼了。从此你开始消极怠工，其他项目的工作进程一拖再拖，结果上司当然会训斥你，警告如果再这样下去就得让你卷铺盖走人了。这样的信息进一步证实了你早先的猜测（"看，我早猜到会做得很糟糕"），下一次遇到这种自我判断的情况时，你会再次陷入消极的循环自证，最终使自己的这些消极想法越来越强大。

非黑即白的思维方式尤其与对变化以及未知的恐惧、控制欲过强有密切联系。对未知心存畏惧的人常常苦恼于复杂的选择，他们会更倾向于做出非此即彼的决策，但这样显然又过度简化了具体问题。如果事情没有严格地按计划进行，你就会对自己施加严苛的内心拷问，很难重整旗鼓，重新努力实现那些重要的目标。当然，最大的可能性是触发你自己在实践过程中的自我破坏。对控制的需求也可能引导你做简化，以便可以轻松判断某件事情是否可控，然后决定只在你认为值得花时间的目标、人和情况上投入（在这些事情上，你确信会有积极的结果，至少在你看来是这样的）。但这可能会让你放弃一些事情，这些事情虽然可能很棘手且复杂，但可能会给你带来很多满足感。

揣测人心

善于揣测人心之人觉得可以琢磨透他人的情绪和想法，尤其是别人对于自己的看法和评价。当然，你永远不知道他人内心真正的想法，但你并不会证实自己的猜测，相反直接跳到了结论环节。你所做的判断大多出于自己的直觉或看上去很合理，因为这些判断是基于你过去的经验做出的，但你会把它们当作事实并采取行动。比如在进行正式会议之前的小组讨论时，你的同事并没有和往常一样与你积极互动，你觉得肯定是因为自己做了什么事惹得他不高兴了，随后大半天里你冥思苦想，思索自己究竟做了什么事，然后会议结束大家在休息室休息时，你冲动地跑到他面前，想知道自己究竟做错了什么让他今天对你如此冷淡。又或者约会对象在过去的 24 小时内没有给你发信息，你就觉得对方是不是不喜欢自己了，随即火急火燎地发送几条信息过去试探一下，引起对方的注意。如果这几条信息没能在一个小时内得到回复，你的恐慌会迅速扩大，马上开始设想两个人如何分手，今后该怎么办等一系列最坏的事，后来你知道刚刚对方不回信息是因为去看电影了，没有注意到手机信息。从本质上来说，你一时间没能理解，生活中的所有人都会受到周围各种不同因素的影响，而且在不同的情形下，根据每个人个性特点的不同，他们也会选择用各种不同的方法来表达自己。所以除非我们听到对方亲口说出自己的想法，否则无法通过自己的主观臆测来判断他人的内心和生活到底发生了什么。

揣测人心的习惯其实是自我保护心理的另一种体现。你觉得如果自己能够揣度他人的心思，就可以预知他人可能如何对待自己，并为之做好应对准备。但是问题在于，你做出的所有预测几乎都是消极负面的。随着时间的推移，其他人可能会厌倦向你证明他们的真实想法，或者当你指责他们有恶意时会很生气。长此以往，其他人会开始疏远你，而这恰恰是最开始你所担心的。将个人的想法和观点强加到其他人身上，并且希望在同样的情景下，他人做出和自己一样的反应和举措，这样的心理状态会直接导致自我破坏。

揣摩他人心思的同时，你也在不经意间暴露了自己内心深处的不安全感。你可能觉得自己不那么受欢迎，或者其他人似乎在阻止你成功。为了应对你感知到的这些细微的暗示，你可能会先"排斥"他们（比如为了报复他们，收起对自己同事新观点的赞美；或者展开一系列被动攻击行为，比如早上上班遇见同事时假装自己没看见），或者不断确认他们不讨厌你，然而讽刺的是，这种行为反而只会让别人愈发讨厌你。

揣测人心则尤其和自我概念薄弱 / 易动摇以及内在观念有密切联系。如果你在解读他人对自己的回应时持一种消极悲观的先入之见，或是对自己的某些方面缺乏自信，就会去猜测别人会怎么想，从而避免尴尬。但其实这样的行为并不能把你从缺乏安全感的深渊中拯救出来，相反你太过警觉敏感，身边随便发生些什么事都可能会让你非常担心，即使这只是你出于恐惧对事实情况做的猜测。这不仅会使你不断和其他人发生误解，甚至产生冲突，更严重的是，它可能伤害到你的自尊心，使你不能带着进取心和信心去实现自己的目标。

消极看待问题

如果你总是消极地看待问题，那么会经常反驳别人对自己的恭维，或是否认自己的功劳，然后转头去恭维那个刚刚恭维你的人。表面上来看，这样的婉拒会显得人很谦卑，但是时间长了，这样的行为反而会进一步削弱个体的自尊心。你会主动筛除掉你成就中的积极部分，在内心降低它们的重要性，反而去关注那些消极的部分，比如某一个微不足道的小错误、一次不太完美的人际互动。你在描述自己的成就或发生在生活中的好事时，可能会低估它们的优点，同时夸大缺点。如果你消极地看待问题，忽略了其中积极的部分，就很难发现生活中的美好以及自身的闪光点。你会变得愈发愤世嫉俗，看待自己的处境时也会觉得机遇远远少于挑战，困难远远多于方法。

消极看待事物的问题在于，随着时间的推移，不管生活中发生了什么，你往往会忽略其中的各种精彩之处，包括那些由于自己的功劳才取得的成就。通过习惯性地减少积极评价或降低积极成就的重要性，你缓慢但坚定地巩固了消极思想。随着时间的推移，你甚至会"改写"自己的记忆，只保留那些受自己偏见所影响的记忆片段，而不是以客观平和的态度去看待整个事件。这就好比一个守门员面对十次攻门，守住了九次，最终帮助队伍赢得了比赛，但结束后对于别人给予的高度赞扬，他置之不理，只是满心懊悔地反思那一粒丢球。慢慢地，他忽略了一个事实：他丢掉的那粒进球其实无法影响整个比赛的结果，而且他在那场比赛中的每一次扑救、每一次防守，都是为这个完美的比赛结果贡献的力量。如果你消极看待问题，那么这种世界观会剥夺你的能量，浇灭你的热情，比起期望最终的成功，你可能更坚信注定的失败。

我们需要依靠积极的经历来培养自己的韧劲、动力及坚毅的品质。所以如果你整天消极地看待问题，在面对新的人或事时就会畏缩不前，也就失去了很多学习机会，其实这些从挫折中学到的经验教训弥足珍贵。长期否认自己的成就会形成一种恶性循环，进而导致多种自我破坏行为，这样的行为和状态又进一步成为你悲观态度的"自证"。有趣的是，你会区别对待自己和他人，当解读他人可能发生的事情时你会采取更客观的立场。两相比较，你在无形中强化了自己的自卑感，产生排斥甚至无助的情感反馈，使自己的自我破坏行为更加严重。

消极看待问题与自我概念薄弱／易动摇以及内在观念的关系尤为密切。证实偏差使我们更倾向于在自己之前存在的思想框架下解读新信息，所以如果你缺乏自尊心或者有消极的内在观念，那么关于自身的积极信息会让你感到非常不适，你会忽略它们。长此以往，你丧失了自己的全局观，而且在目标的实现过程中，你不会为自己取得的进步感到欣喜，不会从这种进步中汲取动力，让自己在这条漫漫长路上继续前进。最终你自己的精神消耗殆尽，内心疲惫不堪，紧随而来的是放弃的想法。如果不能很好地发现和辨别自己生活中那些积极的重要事件，你很可能形成一个消极反馈循环，一步步削弱自己实现目标的动力，因为即使你实现了自己的目标，你心里想的不是这一路走来自己的巨大进步和成就，而是那曾经犯过的一个个错误。随着时间的推移，你的热情和动力一步步消退，离实现自己设定的目标似乎也越来越遥远。

归己化

最后一个触发因素，归己化。这一条非常有趣，因为它和人类某些最本质的倾向和特性有着紧密联系，即人会通过与他人做比较来理解自己在这个世界中的社会地位。由于我们是社会性动物，所以或多或少会有些归己化倾向——我们总是情不自禁地和他人做比较。但如果走向极端，就可能导致自我破坏。在某些情况下，与他人做比较可能带来一些积极的影响。拿自己和他人做比较可以告诉我们应该遵守何种社交礼仪，如何做到行为举止得体，实现自我激励，而且能够发现自己独特的优势所在。但是如果频繁地去和他人比较而发现自己又比不过别人，你可能就会开始一系列消极的自我归因，同时产生一系列消极想法，使得自己缩手缩脚，不敢去承担风险，也不敢自信地迎接机遇和挑战。

一般而言，你和别人比得越多，你的应对之策就会对自己的自尊心产生越多影响。而如果这个触发因素又同时伴随着非黑即白的思维方式或者"理所应当"，还会使情况更加严重，因为你会去用那些严苛到几乎不现实的高标准去评判自己。如果你发现自己在与他人的比较中处于不利地位，你不会觉得自己是仅次于此的第二名，而会觉得自己是全世界最后一名。如果个体的自尊心依赖于这种外在的比较来构建，那么会非常薄弱，而且会因为某一天自己身边发生的一些鸡毛蒜皮的小事而倍受打击。你感觉一切都是自己的"过错"，其实你与这些事一点关系都没有。如果同你亲近的人心情沮丧，你同样会非常沮丧，你觉得可能是自己做错了某些事让他们不开心，所以有责任帮助他们走出情绪低谷。而如果没能帮他们恢复心情，你的内心会非常难受，这种负面情绪会进一步把你拖进自责和沮丧的泥沼。

作为社会性动物，我们都会和他人做比较——这样的比较可以帮助你学会如何在不同的场合下正确地待人接物。但如果你有归己化的倾向，它会有触发两种形式的自我破坏，也就是你会产生两种比较心理：强调差异的向上比较以及注重相似的向下比较。无论是哪种比较心理都会影响你的自尊心以及你对各种事件和情景的掌控感。[8] 如果你和一个钦慕对象相比较但关注点放在自己和这个人有多大的不同、有多大的差距上，你就会觉得非常失望，同时非常排斥自己设立的目标，更加从心底里觉得不论自己付出多大努力，都不能和他们达到同样的高度。而当你和一个不如自己的人相比时，比如一个最近比较倒霉的人，你会特别在意两个人之间的相似之处，随即你就会进一步弱化那本就薄弱的自我概念，然后你会觉得自己不值得拥有更好的，因为自己和他们没什么区别——甚至比他们更糟。再结合我们之前已经讲过的，人的大脑讨厌认知失调，更喜欢协调的状态，所以一旦这样的想法扎下根来，就会对你的行为产生潜移默化的影响，你会依照这种对自己的负面认知去行事，这样的行为反过来会进一步强化这一认知。如果你的自我印象中消极的部分明显多于积极的部分，那自我破坏就非常有可能发生，因为你觉得自己不值得拥有生活中这些美好的东西。

　　归己化尤其和自我概念薄弱／易动摇、对变化以及未知的恐惧有密切联系。如果你的自我概念比较薄弱，或者对未来充满了恐惧，那么就会不断地想从外界得到暗示，确保自己的所作所为是正确的且不会对任何人产生负面影响。在这种心理的驱使下，这类人会基于外界的影响和反馈形成自己的自我意识，而实际上自我意识应该是内生的。你觉得自己比不上其他人，对未来所要发生的事充满了焦虑和不安，这会让你很难坚持自己的目标，尤其是你没能从外界得到一个明确的信号——你是一个很棒的人时。

理解你的自我破坏触发因素

如同我前文中提到的那样，自我破坏的触发因素往往潜藏在个体潜意识的深处，而当我们看到经它们影响所带来的结果时，常常意识不到这些已经内化于心、隐藏在潜意识里的真正幕后主使（就像家里常常看见白蚁残骸，却看不到一只白蚁）。每个自我破坏的触发因素都有其内在的规律（rule）、起因（cause）及结果（consequence），缩写为 RCC，它们给你提供了一套行动指南，告诉你只有这样做才能避开感知到的危险。它们源于你关于自己的潜在信念，更具体地说，是对遇到它们时可能无法应对的恐惧。所以你就会发现这些起源和 L.I.F.E. 因素（自我概念薄弱 / 易动摇、内在观念、对变化以及未知的恐惧，以及控制欲过强）之间的关系，L.I.F.E. 因素为自我破坏触发因素的发展提供了绝佳的温床。

随着时间的推移，自我破坏会导致你按照特定的方式去行事，也使你的行为结果在一定程度上具有可预知性。它们全然不顾你趋利的欲望，而是逼迫你更多关注如何避免痛苦、不适，甚至灾难。为了不让自己面临这些问题的考验（或者说是害怕自己犯错），你会把逃避挑战看作一种预防措施。但你越是逃避，就越会恐惧。

杰克的RCC（即自我破坏的规律、起因和结果）已困扰他多时，不仅是工作，也包括他的恋情。抛开工作方面的诸多不顺心，杰克曾经有过好几段恋情，但没有一段能让他感觉情投意合。他曾和几个收入一般的女子约会，期间他变得非常吹毛求疵，把自己缺乏安全感的状态施加到两个人身上，在彼此嘲笑甚至批评、争吵过多次以后，都以分手告终。还有些情况中，他抛弃了自己正在向好发展的恋情，因为他担心对方发现自己无论在智识上还是品格上都是个"伪君子"。他说服自己现在没有时间谈恋爱，因为需要把精力专注在职业发展上。每次分手前与对方促膝长谈时他都会强调："不是你的原因，不是你不够好，主要是我的工作……我实在是太忙了。"经历过几段失败的感情之后，他开始觉得自己不擅长恋爱了，每次朋友想给他介绍一个新的相亲对象时，他都以工作太忙为借口推脱不去。从这里可以看出，杰克的RCC植根于L.I.F.E.因素中的"对变化以及未知的恐惧"。他的"规律"集中在非此即彼的决定上，没有给自己留任何中间地带。这是由于当他处在一个没有明确对错的具体情境中时，他会感觉非常不舒服，进而严重低估人际交往场合会存在的各种复杂情况，从而以过分严苛的要求来规范自己和他人。

下面的这张表展示了自我破坏触发因素和L.I.F.E.代表的四个影响因素间的具体联系，同时给出了每一个自我破坏触发因素具体的规律、起因和结果是什么。

自我破坏触发因素	常见的对应 L.I.F.E. 因素	规律	起因	结果
以偏概全 / 小题大做	● 内在观念 ● 控制欲过强	根据一个事件总结出宽泛概念，过分考虑可能发生的事情	对即将来临的未知感到恐惧	过度地严格约束生活，倾向于相信最坏的结果；摇摆不定，甚至不愿去追求目标
"理所应当"	● 自我概念薄弱 / 易动摇 ● 控制欲过强	对于自己或他人应该怎样做，有一套严格的标准	完美主义，害怕批评	频繁要求自己或别人正确地行事，感觉自己永远达不到要求
非黑即白的思维方式	● 对未知及变化的恐惧 ● 控制欲过强	没有中间地带，非此即彼的选择	讨厌模棱两可，讨厌太过繁多的选择	对自己和他人评价刻薄，过度简化对复杂问题的判断
揣测人心	● 自我概念薄弱 / 易动摇 ● 内在观念	揣摩他人的想法	害怕被拒绝，害怕尴尬，害怕被拒绝或危险而不愿展示自己	内心极度敏感，自尊心极为脆弱，总是担心身边的细枝末节，由于误解经常和他人发生冲突
消极看待问题	● 自我概念薄弱 / 易动摇 ● 内在观念	错过重要机会，粉饰重要细节	自尊心较弱，完美主义特质	不能客观地看待他人和具体情境，没有全局观，行事草率
归己化	● 自我概念薄弱 / 易动摇 ● 对变化以及未知的恐惧	热衷于拿自己和他人做比较	受外部驱动的不稳定的自我价值感	善妒，总感觉自己"不达标"，害怕别人察觉到自己的内心活动

现在我们更进一步了解了这六个自我破坏触发因素以及它们背后的内在规律、起因和造成的结果，也了解了每条具体和哪些 L.I.F.E. 因素有联系。现在让我们转到另一个重要的问题上，这些自我破坏触发因素最初究竟源起何处？最初它们是如何形成于我们意识之中的？为了理解这些问题，我们需要稍稍回顾你的过往。

这些自我破坏触发因素来自何处

虽然现在这些触发因素会对你的生活产生各种影响，但其实它们在每个人生命的早期就已经成形了，而且一般是在童年和青少年早期。人们正是在这些成长的关键时期，通过与外界的互动以及不同的经历，才形成了对这个世界运转规律的理解，对自我的认知，以及明白了自己该如何融入世界，自己在这个世界的定位又是怎样的。每一次经历都会成为你吸收新知识的机会，一般来说，每一次互动或任何经验教训对你而言，可能比以后发生的事让你印象更深刻。

从某种程度上来说，我们刚来到这个世界上时都单纯如一张白纸。我们不知道如何解读身边的世界，不知道应对纷繁复杂的生活，早期接触则为我们提供了后期面对此类情形的应对之策。因为我们会吸纳新的知识到已有的认知体系中，这些人生初期的经历为我们在后续的人生中遇到其他类似的事件时知道如何应对、如何理解提供了坚实的基础。这些早期经历可以帮助我们提高自尊心和自信心，并帮助我们熟悉各类事件的应对之策，扮演好自己的社会角色。然而早期的负面经历会造成长期的负面影响，可能会在潜移默化中消解自我概念和自我能力，最终导致个体在成年后出现各种自我破坏行为。

为了深入了解自我破坏触发因素是如何一步步发展的，在完成确定自我破坏触发因素的练习之后，请选择其中一个你确定了的触发因素。回想一下你何时第一次产生了这样的想法。有时候记忆会很快浮现，但是如果很难回想起来，试着想一下某些具体的事件，或是别人对你说过的曾经影响过你自我认知的话（"你真邋遢！"），又或是影响你融入外在环境的经历（为了一次拼字比赛，你付出了大量的努力和心血，却在第一回合就被淘汰出局）。如果你还是觉得很难确定这些自我破坏触发因素的起源，我建议你按照自己的年龄依次回顾生命中的重大事件，比如自己认识的第一个朋友，学业上第一次取得的好成绩（比如班级前十），第一次参加运动会，第一次谈恋爱，老师或教练第一次给自己提出意见，第一次达到（或未达到）目标。每次回顾其中一年的经历，要特别留心四五岁（大部分人此时会开始有清晰明确的记忆）到 16 岁之间发生的事情。深入研究自我破坏触发因素的起源对你来说有两点意义：①它告诉我们自我破坏的触发因素早在我们生命的初期就已经成形于思维之中，只不过彼时的我们太年幼，这样的思维过程超出了我们的理解范围，所以不会有意识地去干预阻止；②现在，它能为我们提供线索去留心何时类似的事情会发生并再一次触发自我破坏，从而帮助我们及时介入。

最重要的是，你不必因为自我破坏而自责。恕我啰唆，但我还是想再强调一遍：不必为了自己的自我破坏而感到自责。试图保护自己免于承受可能的失败、痛苦或失望，你可能阻碍了自己的发展，阻碍自己成为真正想要成为的人。但是请务必相信自己，你有逆转这一切的能力，现在你更加了解这些困扰你的心理问题，所以可以朝好的方向做出改变，更好地通过各种方法实现自己的目标。

———

在找出你的自我破坏触发因素，确认那些阻止自己实现目标的心理因素时，可能会有一两个顿悟时刻。你也了解到了具体的L.I.F.E. 代表的因素（自我概念薄弱／易动摇、内在观念、对变化以及未知的恐惧、控制欲过强）如何助推了你的自我破坏触发因素。L.I.F.E. 因素和自我破坏触发因素的夹击可能会打得你措手不及，但我们同样可以给予回击。练习过程的一部分可以帮助我们捕捉到自我破坏触发因素。那为何我们需要提高自己意识到自我破坏触发因素的能力呢？因为触发因素出现时，我们是有机会阻止自我破坏行为的。所以如果你注意到了自己出现了自我破坏的触发因素，可以立即采取措施阻止自我破坏行为。

在接下来的练习中，我将介绍更多方法，让你通过检视全天的思维过程，以及通过确定这些触发因素对自己生活的哪个方面影响最大，帮助你在自我破坏发生时注意到它们。

快速练习：关注 ET×ET（10 分钟）[⊖]

情绪是由想法引导的，只有你有了想法，事情才会有特定的意义。打个比方，假如两个人在同一天被自己的公司解雇，第一个人想："哦不！我欠的账单怎么还？如果不能赶紧再找到一份新

⊖ 指 emotion（情绪）、thoughts（想法）、event（事件）、trigger（触发因素）四个词语的首字母。——译者注

工作该怎么办?"结果他又惊又怕(触发因素:小题大做)。第二个人想:"被炒鱿鱼真是糟透了,但是如果我用心好好找,肯定会找到一份新工作,说不定比现在这个更好。"第二个人可能最开始很沮丧,心情低落,但很快就会把这次被炒鱿鱼视作一个转机,甚至可能会对接下来发生的事感到有些激动(触发因素:无)。

这个练习通过唤起你对情绪、想法、事件、触发因素之间互动联系的关注,能够帮你提高对自我破坏的认识,即它只是一系列事件中的一个部分。在这里最重要的是去理解自我破坏触发因素不是凭空出现的。你可以通过多种方式来回溯它的起源:先问问自己有何感觉,确定何种想法触发了你的情绪,当你感觉想法和情绪引发了你的触发因素,请用笔记下具体的情景。如果你能够停下来,做一些调查工作,就能够阻止对情绪立刻做出反应(或过度反应)。接下来是详细解释。

首先快速检视一下自己的情绪状态,如果你感觉自己开始有失望、悲伤、愤怒、焦虑或者任何其他类型的负面情绪,大声地把自己的情绪讲出来,或是在心里默默说出(然后把它们记在笔记本上)。再在脑海里反思一下,看看能否确认隐藏在背后的想法。之后回想一下在产生这一想法的前一刻——当时到底发生了什么。反思的同时,在笔记本里简要记录一下这个事件的细节。最终,把注意力转移到自己的触发因素上,然后把它记在笔记本里。

比如最近当杰克参加一个行业活动时,听说以前的一个同学已经当上了副总裁。杰克开始谈起他自己的工作(虽然他不太喜欢这份工作），这份工作有多么重要，职位头衔不是衡量贡献的标准——毕竟真正重要的是一个人到底做了什么。然后他就借故离开了现场，说他得赶紧回公司，有个问题等着他去解决。这是杰克在自己笔记里写的内容。

情绪	缺乏信心，缺乏安全感
想法	他们都比我成功太多。他们赚的钱比我多，他们在公司里的职位比我高
事件	我在行业活动中遇见了以前的同学
触发因素	归己化

你如果能够认识到在想法和由想法触发的情绪之间存在着某种联系，那么就能够理解自己的感受中存在的特定规律——即使可能确实会让人有这种感觉，但你要知道，它们不是突然就出现，然后无缘无故使你开始自我破坏的。知道自己是什么感受，有何想法以及两者之间有何联系，会让你更好地掌控自己的负面情绪和自我诋毁行为。同样，记下那些触发了你自我破坏触发因素的事件，你就可以总结出大概什么类型的事件会引起那些无益于你的想法。

对于这类会引发你自我破坏行为的事件，我们会在步骤 2 和步骤 3 中做更详细的说明，现在我们则需要去注意这些事件、想法和感受是怎样联合起来引出了触发因素。越早地去发现其中的规律，你在借助一些非常简单的方法打破恶性循环方面就越有优势，比如做十次深呼吸，散散步，听些舒缓的音乐，或是做像涂鸦一样简单且能够让人放松的事。

短期练习：定时记录自己的想法（接下来的 24 小时）

这个练习可以帮助你系统地让你的想法脱离"自动驾驶模式"，并注意触发因素在某一天可能是你思维过程的一部分。正如你所了解到的，大脑倾向于忽略习惯性或反复出现的想法，除非你有意识地做一些事情（比如这个练习）把它们展现出来。这个练习不仅可以帮你弄清楚在一天中你的自我破坏触发因素被触发了多少次，同样可以帮助你改变过去忽略它们的状态，让你有意识地注意到其存在。

你可以在早上拿出几张便利贴，在每张的顶部写下具体时间，便利贴之间间隔两三个小时（比如 9:00、12:00、14:30、17:00、19:30）用手机给这些时间点定上闹钟，闹钟响了就拿出对应时间点的便利贴，然后写下自己在当前时间点所想的任何东西。当这一天结束后，回看自己的便利贴，把任何与自我破坏触发因素有关的想法圈出来。

例如，杰克做这项练习的时候，他的便利贴内容是这样的。

9:00　早饭吃什么？我快饿死了。

触发因素：无。

12:00　派对上遇到的那个女孩肯定对我没什么兴趣，因为她还没有回我的信息。

触发因素：揣测人心。

14:30　我要单身一辈子了。

触发因素：以偏概全 / 小题大做。

17:00　下班后要和朋友出去玩，有什么意思呢？反正那群人我一个也不熟。

触发因素：以偏概全 / 小题大做。

19:30　早知道我就出去了，但现在已经这么晚了。我觉得我要变成工作狂了，而忘了曾经遇见过的人。

触发因素：以偏概全 / 小题大做。

另一天，杰克选择了时间间隔相同但和第一天不同的几个时间点。

13:00　老板让我去办公室找他，估计我要被炒鱿鱼了。

触发因素：揣测人心。

15:30　老板说我需要在其他不同领域有所发展，所以需要接受一些培训。显然他对我现在的工作表现并不满意。

触发因素：揣测人心。

18:00　我要留下来加班，证明我是一个优秀的员工。

触发因素："理所应当"。

20:30　现在应该可以下班回家了，但是我到现在还没有报名培训课程，这么晚了估计也报不上了，老板知道后肯定会觉得我是个废物。

触发因素：以偏概全 / 小题大做。

如你所见，对杰克来说，他的自我破坏触发因素主要是揣测人心和以偏概全 / 小题大做，这一点在他的便利贴里也展示得很清楚。定时检视想法可以帮助你更好地判断自己主要的自我破坏触发因素，简要的笔记记录也可以帮你认识到什么类型的事件或情景会触发这种自我破坏触发因素。

现在请自己试试这个练习。把它想象成肌肉训练。不过这训练的是你的思维。自我破坏触发因素被触发是因为我们没能在具体的情景下及时地遏制它们，所以会感觉它们脱离了自己的控制。现在让我们慢下来，找到自己自我破坏触发因素被激活的具体时间，提高自己的辨识能力，在出现苗头时能及时地发现。多次进行该练习后，觉察和识别消极想法会变得越来越容易，你也不用每次都把它们写下来。随着时间的推移，这样的自我检视也会逐渐成为你的自动思维，在消极想法触发让自己不适的情感感受并进一步引发自我破坏行为之前，你就可以从源头上识别判断。

长期练习：触发事件（之后的一个星期）

这个练习将帮助你整理出生活中充满自我破坏触发因素的领域，并显示在本书其余部分中需要特别注意的方面。在接下来的六天里，在日记里单独列出一个条目用来记录你生活中具有重要意义的事。你可能会回忆起一些积极或消极的想法及感受，无论哪种都能对我们的练习起到很大作用。大部分人都会对重要事件产生积极和消极的回忆。一定要明确具体！对于每一个领域，一定要加上一些细节去描述，尽自己所能去使用感观语言（比如你记得当时看到了什么、吃到了什么、闻到了什么、听到了什么、摸到了什么），并把能回忆起来的每个想法、每种情感都描述出来。

日记上每完成一个这样的条目都应该需要花费你 10～20 分钟。如果你觉得回忆受阻，下面有一些生活中不同领域的问题，每天可以问一下你自己。如果你从星期一开始练习，那么刚好每天一个问题。

星期一——学校 / 学业　回想一下你最喜欢的老师、最喜欢或者最讨厌的一门课。你在学业上取得过哪些重大成就？哪些学业目标曾让你觉得实现起来非常困难？

星期二——恋爱关系　回想一下你觉得意义最重大的一次恋情。你第一次坠入爱河是什么时候？有谁让你觉得很疏远？你对自己的恋情后悔过吗？

星期三——生理及心理健康　你曾患过什么疾病吗？你做过手术吗？出过交通事故，康复得如何？你曾被诊断患有心理疾病吗？如果有的话，现在状况如何？你是怎么应对的？

星期四——社交生活和朋友　什么时候结识了自己童年的第一个朋友？在体育课上结伴时，你是很受欢迎还是最后一个被选上？你被其他同学欺负过吗？你现在最好的朋友是谁，你们是怎么保持联系的？你对友情失望过吗？

星期五——职业和工作　你的第一份工作是什么？你应聘上自己面试的第一份工作了吗？你第一次升职的原因是什么？你被

解雇过吗，被解雇后有什么感受呢？有什么你一直想实现但还没有实现的事吗？

星期六——家庭关系　在家里面你和谁最亲近？你有和某个亲戚关系不和吗？你对家人有哪些不满？你希望和谁的关系更进一步？

在星期天你不需要去回忆，但请抽时间仔细阅读前几天你回忆后所记下的内容，把任何与自我破坏触发因素有潜在关联的字词、描述以及回忆圈出来。

在笔记本页边的空白处，标出该事件所对应的自我破坏触发因素——以偏概全 / 小题大做，"理所应当"，非黑即白的思维方式，揣测人心，消极看待问题，以及归己化。很可能你现在列出的这些自我破坏触发因素和在这一步骤最开始所标出的那些一样，但现在我们把这些抽象的触发因素同生活中的具体方面和具体情境结合起来，就可以更加具体地判断出这些因素对我们的生活究竟造成了怎样的影响。不同的触发原因可能在你生活中的不同方面产生影响。比如非黑即白的思维方式可能会在恋爱关系中给你造成很大的困扰，但在家庭和工作关系中不会。每个人都有不同的成长经历，这些经历影响着我们如何感知这个世界，以及如何与他人互动合作。自我破坏触发因素的形成是自然且不可避免的，因为我们需要不断平衡趋利和避害这两个目标，所以有时就会在不必要的情况下过度重视或担心将要面临的危险。

这个练习可以帮你判断究竟哪个（或哪些）自我破坏触发因

素对你造成的影响最大。最重要的是，它能够帮你看到在哪些方面自我破坏让你最痛苦。如果你在某个特定的方面标出了很多个自我破坏触发因素（例如学校／学业、恋爱关系等），那就表明这是自我破坏可能困扰你的特定方面，并为你在本书后续章节将要学到的在生活中阻断自我破坏的技巧提供重要信息。

接下来呢

我们还需要经历相当长时间的学习，才能把现在这种有意识地去识别自己自我破坏触发因素的行为培养成一种习惯。这个过程有点像从驾驶一辆自动挡汽车变到驾驶一辆手动挡汽车。你最开始学习手动挡汽车的时候，会非常笨拙，需要大量有意识的努力才能熟练地切换汽车的各种挡位。但是和所有事情一样，熟能生巧。很快，有意识地检视自己的想法会成为新的日常习惯，有意识地关注自我破坏触发因素也会成为新的自动思维。而现在你正在付出这样的努力去调动自己的主观意识来关注这些触发因素，你也已经发现了它们是如何与具体的时间和情景相联系的，体会到了随之而来的情绪变化，所以你现在已经迈入正轨了，接下来就需要把这些自我破坏触发因素转化成更加平和的想法，降低它们可能会对你的思想和行为造成的负面影响。这就是我们接下来需要学习的内容：我们该如何去应对这些自我破坏触发因素，以及它们引起的种种消极想法，从而避免自我破坏行为。

第2章 消解自我破坏触发因素，重置感受调节器

　　个体的自我破坏触发因素常常处在蛰伏和休眠状态，直到某个特定事件将其触发，然后出现在意识表层，此时才会被人所感知。但自我破坏触发因素被触发并不意味着自我破坏行为无法避免。这一点非常重要，所以我想再强调一遍——仅仅是自我破坏触发因素被触发，并不意味着会发生自我破坏。打破这一进程的关键在于找到消解自我破坏触发因素的方法，以免它们继续危害我们的感受和行动。

分解序列

从具体事件到想法到感受最终再到我们的行为，是一个可预知的线性发展过程。只要能够理解这些要素产生联系的方式，你就能更清楚通过干预哪一环节来阻止自我破坏行为。如果我们的生活以慢镜头播放，那它会是这个样子：

事件→想法→感受→行为

如果触发因素被触发，这个序列就会滑向自我破坏。从本质上来说，触发因素是你的思考内容（不论有意无意），而那些自我诋毁性的自我破坏行为就是你最终行为的一部分。

事件→想法→感受→行为
　　　　　↑　　　　　↑
触发自我破坏的因素→自我破坏的行为

了解触发因素的来源有助于干预制止自我破坏行为。从上面的示意图中我们清楚地看到，想法引导我们的感受，感受则引导了行为。打个比方，如果有人在高速公路上挡住了你行车，你会觉得对方是个鲁莽的蠢货，进而会产生气愤感乃至暴怒，然后猛按汽车喇叭，在车里破口大骂，甚至超车挡住对方的路。但是如果换个角度，你注意到那个占道的司机神色匆忙，这样做或许并非有意，你的内心感觉就会有些矛盾，甚至对对方产生同情心，此时你大概会继续好好开车。对某一事件的解读会直接影响个体的感受，感受最终又会影响行为。自我破坏触发因素常常让你的行为冲动且低效——就像开车的时候总想超过前面一辆车：这是一种对自己无益的自动反应。

请记住，这件事可以是现在你身上发生的事，也可以是你记忆中发生过的事。感受到自己身处危险以及与恐惧相关的情绪（此时你会心跳加速、肌肉紧绷）都会触发应对机制，进而采取自我保护行为——逃跑或者远离令自己恐惧的刺激源：可能是一只棕熊、你约会的对象，或者一份你心仪许久的工作。

如果你对自己的想法和感受置之不理，就有可能引发自我破坏行为。分解这一事件序列，有助于我们确定从哪一环节进行干预以制止自我破坏行为。实际上，从最开始意识到触发因素的存在，到感受到这种负面情绪或心理反应所带来的冲动，再到你开始出现自我破坏行为但还未完全脱离正轨之际，你都可以通过序列上的任一环节进行干预。

理解该序列最好的方法就是观察它如何影响你的生活，所以接下来就请开始我最喜欢的练习之一：记录想法。

-------------------------------------- 练　习 --------------------------------------

记录想法

记录想法是一个在具体事件和情景背景下，将自己的思维过程记录下来的可视化练习，通过这个练习，你可以实时观察想法如何影响自己的感受以及行为。这是由阿伦·贝克（Aaron Beck）博士首创的经典认知行为疗法，[1] 可以采取多种形式来实施。下面是我为来访者设计的版本。它提供了一个系统化的观察视角，能够帮助我们去理解自己的想法、情绪、行为如何以线性形式出现，同时能够让我们认真评估自己的想法和感觉，降低自己做出自我破坏行为的可能性。

之后如果发现自己有任何的负面感受（不论是出现了负面情绪，还是经历了让自己产生不适的生理反应），问问自己，我现在在想些什么？请把下文所示的表格（见 85 页）誊到你的笔记本上，记录具体的日期和时间，同时在"自动思维"这一栏中简要记下你当时的想法和心理表象。然后请再稍微多花一点时间，按 1 ~ 10 分给这些想法进行评分，评分依据是你在多大程度上相信这些想法，1 分意味着丝毫不信，10 分意味着深信不疑，就如同你坚信地球是圆的一样。

然后继续回忆，并接着问自己，在我产生这些想法之前发生了什么？在"情景 / 事件"这一栏，写一下在你产生想法之前发生的事件的细节，"事件"不仅指可感知的外界客观事件（比如被公司解雇），同样可以指内生事件，比如自己过去的某段回忆、对未来的想象（比如因为没有很好地跟进某个客户，而在会议期间被上司批评）。

接下来再请你想一想让你需要进行此项练习的感受。如果你感受到了某种特定的情绪，请把这种情绪写下来，并按 1 ~ 10 分为这种情绪的强烈程度打分，1 分意味着几乎感受不到，10 分意味着这种情感让你极为不适，在那一瞬间几乎无法专注于任何外界事务。如果你感受到了某种生理反应，在笔记本上描述它，在旁边同样依据强烈程度按 1 ~ 10 分打分。

最后，再来看看最后一栏。如果这些负面情绪还没有触发你的任何实际行动，请把你心里的行为冲动写下来，无论是想宅在家里，想吃零食，还是想朝某个人大喊大叫。一定要如实地记录下来，以此来检视在负面情绪驱使下自己的本能是什么，自己的行为冲动又是什么。如果你已经在负面情绪影响下做了些事，也请简要描述一下你的做事细节。

时间和日期	情景 / 事件	自动思维	感受	想做什么 / 已经做了什么
	何种可感知事件或想法、观点或心理意象导致了这样的负面感受	你有什么想法？想到了何种心理意象（比如自我破坏触发因素）现在你在多大程度上相信这些想法？按 1 ~ 10 分打分	现在你有什么样的情感或生理反应这些情感或生理反应有多强烈？按 1 ~ 10 分打分	在这种感受驱使下，你想做什么（无论你做了还是没做）

艾丽丝对"人际关系"这个词一直有些疑惑，不知道应当如何发展人际关系。她很小的时候父母就离婚了，而且根据她的回忆，双方在离婚前的大部分时间也都在争吵，所以她觉得自己缺乏一个榜样去模仿和学习。此外，她现在在一个小事务所做会计，所以限制了自己的社交和休闲互动——不论是寻找恋人，还是结交新朋友。特别是有过几次失败的相亲经历之后，她对自己结交朋友的能力越来越没有信心。

在过去的几次相亲约会中，极度缺乏安全感的内心状态在很大程度上影响了艾丽丝的表现，所以大部分人在和她约会结束后都失去了兴趣，因为她要么给对方凭空罗织一些"缺点或不足"，比如对方学校不好，或者嫌弃对方有一小块秃斑；要么觉得对方怎么会喜欢上自己，一定有什么毛病。即使她真的和某个人外出约会了，两人之间的关系也往往并不能维持长久，因为艾丽丝总喜欢发号施令，执着地想知道对方没和自己在一起时在做什么，她不允许其他任何人占据主导地位。但是遇见艾略特之后，情况从一开始就完全不一样。她爱他身上的一切，他们彼此顺利进行了几次约会，最后艾丽丝开心地和他结为恋人。

艾丽丝已经和艾略特交往几个月了。他们共处的时间很多，短信来往不停，平时下班后约会共进晚餐，或者去酒吧喝酒，周末休息了还会花大量时间待在一起。艾丽丝真的很喜欢艾略特，然而尽管艾略特屡次向艾丽丝表白心意，自己非常在意她，艾丽丝还是不能彻底放心。她非常担心终有一天艾略特会厌倦自己，所以在两人的相处中表现得缺乏安全感，她开始频繁地质问艾略特到底在和谁发短信，没有和自己在一起的时候都在干什么。如果有新的女同事开始和艾略特共事，艾丽丝就会立刻开始怀疑艾略特在和对方发展感情，她经常在他上班的时候打电话过去查岗。他们一起外出吃饭时，艾略特对待服务生态度友好，但在艾丽丝看来这就是和女服务员调情。不管怎样安抚自己，艾丽丝依旧改不了这些坏毛病，最终艾略特告诉艾丽丝，两个人应该各自去寻找新的伴侣，因为她总是怀疑艾略特是不是出轨，是不是移情别恋，特别是在相处过程中，他感觉艾丽丝总是生自己的气，而且他也厌倦了这种总是在犯错的感觉。恋情的转变证实了艾丽丝对自己最大的恐惧：她不值得被爱，也没有人愿意与她长期相处。

有两个 L.I.F.E. 因素影响着艾丽丝对具体事件的反应，推动着她对具体情境的感受——控制欲过强、自我概念薄弱 / 易动摇。约会和谈恋爱涉及另一个思想、感受和行为不受你直接控制的人。绝大多数问题的根源都在于艾丽丝妄想控制超出自己能力范围的东西——别人对她有何感受，以及整段恋情的最终结果，而这不是她一个人可以决定的。当她在这种失去控制的不适感中挣扎时，就会表现出频繁地质问自己的伴侣，或者对伴侣的行为指手画脚——显然这只会适得其反；没有人希望自己的生活受到严格约束，艾丽丝以往的相亲经历其实都已经反映出她这些行为的结果：要么是她自己不能忍受缺乏控制感所带来的心理不适而主动结束恋情，要么是约会对象受够了她无端的猜忌和强烈的控制欲而提出分手。长此以往，这些失败的恋爱经历会使她在恋爱过程中出现自我概念薄弱。而在开展下一段新的恋情时，上一段恋情带来的不安全感会使她想要掌控更多东西，而最终又导致了新恋情的失败。因为她的行为一直在伤害两人的信任，所以她从来没能收获和睦的恋爱。

如果你觉得自己的脑海中充斥着包括焦虑、悲伤在内的各种负面情绪，那么常常意味着你应该反思一下这些情绪产生之前的思维过程。对于艾丽丝来说，完成记录想法的练习可以帮助她在脑海中清晰地勾勒出一幅画面，让她能够认识到艾略特疏于回应对自己的影响，更加强调从事件到感受到想法再到行为的序列。

时间和日期	情景/事件	自动思维	感受	想做什么/已经做了什么
	何种可感知事件或想法、观点或心理表象导致了这样的负面感受	你有什么想法?想到了何种心理表象(例如,自我破坏触发因素)现在你在多大程度上相信这些想法?按1～10分打分	现在你有什么样的情感或生理反应?这些情感或生理反应有多强烈?按1～10分打分	在这种感受驱使下,你想做什么(无论你做了还是没做)
8月15日15:00	给男朋友打了两次电话,发了一次短信,他都没有回复	他现在肯定没做好事情,可能对我出轨了(7.5分)可能是我做错了什么事,他现在已经不喜欢我了(9分)	焦虑(9.5分)悲伤(8分)愤怒(6分)	一直给他打电话,直到他接电话等他接电话后,希望他告诉我他在哪里,现在在干什么

正如艾丽丝的例子所示,记录想法可以向我们展示每个人不同的自我破坏触发因素如何引发负面情绪反应。

现在你知道了想法、感受、事件如何影响了自己的行为。你同样意识到当自己停下来,仔细检视这一系列事件时,就能定位触发因素,以及之后的自我破坏介入了哪一环节。在本章余下的内容中,我们将学习如何利用各种技巧转换自己的想法,调整自己的情绪,从而干预序列,阻止自我破坏行为。毫无疑问,调整自己的思维、判断自己的感受会是艰巨的任务,但一旦理解了它们,掌握起来就会非常容易。为了帮助你更好地实现目标,本书后续还会有一系列练习。我希望每一项练习你都可以认真地完成,然后判断哪个练习对自己的帮助最大,然后就可以将其纳入自我破坏救星工具箱了。相信我,为此付出的努力是值得的。首先我们来看三个可以改变你思维的小技巧。

消解自我破坏触发因素

并非所有想法都一样。它们可以是真实的（比如，我需要在销售大会上发表一场演讲），也可能偏离事实，成为缺乏真实性的想法（我将要在销售大会上发表的演讲一定很糟糕）。我们往往只看到想法的表面，而当这些想法使我们误入歧途，触发了自我破坏之时，我们就需要对其进行质疑，并且寻找方法去重构自己的思维方式，从而消除自我破坏触发因素，减少我们的思想对行为以及感受的影响。

主要有三种基本方法可以帮助我们转变自己的想法。请记住，这三种方法都很重要，都可以帮助我们认真审视自己的想法，从正确的角度看问题。所以请把这三种方法都尝试一下，你会发现不同方法在不同情境下有各自显著的效果。

1. 质疑
2. 调整
3. 减少负面影响

想法属于心理活动，它代表了我们对周围世界的解读和看法。你对某些事物的思考往往和某些现存的因素有关系，比如过去的经历、童年早期的习得经历、个人特质，以及生理倾向等。人往往倾向于过度认同自己想法，并将其等同于事实。笛卡尔曾有名言"我思故我在"，现代社会则发展成"我思即我在"，所以我们可以很明显地感觉想法对我们的感受和行动有强大的影响。我们伤心难过或是忙于解决问题的时候，很容易忘记这些想法并非事实。其实想法的本质属性不过就是被组织好的词句和意象。我们赋予这些想法以意义，决定了它们有多重要，判断是否依照其行动。所以在评估这些想法的时候，我们也能够掌握主动权。

消解方法 1：质疑

请看看下面这个不等式：

想法 ≠ 真相

我们很容易相信自己对自己说的话。因为当想法浮现在脑海中时，它们看起来有条有理，无可辩驳。但因为想法仅仅是一种心理活动，所以我们如何看待自己，如何看待自己的处境，以及对于我是谁，我在做什么，他人怎样看待我等一系列问题的回答并不是以现实、真相和事实为基础。某些自嘲的想法会因为你之前的经历或重要他人的影响而经常出现。但如果我们过度认同自己的想法，甚至依照其行事，那么就可能出现严重后果。

好消息是，只有当你坚信自己的自我破坏触发因素是无可辩驳的事实或真实情况时，你的行为才会受其影响。相反，如果某个观点不能让你信服，你就不会去依其行事。例如，如果某天一个人冲进你的办公室大喊"着火了"，但你并没有看见任何火光，你肯定不会立即开始撤离。只有你真的相信发生了火灾，才会立即收拾自己的重要物品，冲向消防通道。所以即便是反复出现的想法，我们也需要保持怀疑，因为只有这样，我们才能做出理智的决定并采取行动。要学会定期质疑自己的想法，一定要记住，它们只是心理活动，而非对客观事实的描述，这将帮助你不再把所有的消极想法都看作绝对的、不容置疑的事实。如果你能够降低某个负面情绪的可信度，就能够提振自己的情绪。[2]一旦你清楚了自己的想法是什么，就不会过多地去体会这些强烈的消极情绪，所以能做出更加理智的决定，坚持实现自己的目标。

下面的练习将帮助你定期质疑自己的想法，确保给予其应有的重视。这些练习还会帮助你养成质疑想法的习惯，并判断这些想法是否如实反映了事实。之后你将能摆脱这些并不真实且可能阻碍你实现目标的想法。

---------------------------------- 练　习 ----------------------------------

检查证据

该练习会帮你选取一个曾引发自己消极感受的想法，并寻找证据看看是否准确地反映了你当时的处境，从而阻止过激情绪和随之而来的负面影响叠加到你的行动上。在笔记本中记下最近一个让你产生强烈感觉的想法，依照给它的可信度按 1 ～ 10 分打分。

接下来根据你刚刚在本子上记录的想法，问自己下列 6 个问题，同样把自己的回答记在笔记本上。

1. 有哪些证据能够证明这个想法是真实的（列出支撑这一想法的客观事实）。

2. 有哪些证据能够证明这个想法是不真实的，或非完全真实的（同样，列出客观事实）。

3. 这个想法完整吗（对于整个事件/情景，它是否提供了综合且全面的观点）？如果不是，缺失了哪些重要因素？

4. 如果这个想法在某种程度上是真的，或者在某些时候是真的，那么何种情境下会出现例外呢？

5. 结合自己过去的经历，你会产生不同的想法吗？

6. 这个想法属于六个自我破坏触发因素吗（如果是，是哪个/哪些）？

在你"检查证据"之后，再次对该想法的可信度按 1 ～ 10 分打分。

当艾丽丝坐下来完成这个练习后，她很轻易地找到了那个把自己引入潜在自我破坏的想法。她的记录如下所示。

想法：如果男朋友没有及时回复我的信息，那意味着他不再喜欢我了。

可信度评分（1 ～ 10 分）＿＿＿＿＿＿＿＿8＿＿＿＿＿＿＿＿

1. 有哪些证据能够证明这个想法是真实的（列出支撑这一想法的客观事实）。

　　普遍来看，一个人如果没有回复信息，那他就是不感兴趣。这种情况在刚开始和一个新对象约会的时候经常发生，此外我的前任男友可是喜欢经常缠着我。

2. 有哪些证据能够证明这个想法是不真实的，或非完全真实的（列出客观事实）。

　　如果他之前没有立刻回我的信息，之后他看手机时也会立即回复。有时候刚好正在我发信息的那一刻他没有看手机，而且他开会的时候习惯把手机放在办公桌上而不是随身携带。如果长时间没有回复，他也会为没有及时回复我信息而道歉，然后会解释为什么没能回复。

3. 这个想法完整吗（对于整个事件 / 情景，它是否提供了一个综合且全面的观点）？如果不是，缺失了哪些重要因素？

　　缺失的部分就是我没有站在他的立场上看问题——他可能是去开会了，或者是在别的什么不能用手机的地方。

4. 如果这个想法在某种程度上是真的，或者在某些时候是真的，那么何种情境下会出现例外呢？

　　如果他在某些不能使用手机的地方，我没有任何证据能够表明他不回我信息是他不想回或是故意如此。

5. 结合自己过去的经历，你会产生不同的想法吗？

　　之前如果我长时间联系不到他，他会向我道歉并解释原因。

6. 这个想法属于六个自我破坏触发因素吗（如果是，属于哪个 / 哪些）？

　　揣测人心（猜测他的想法）；消极看待问题（忽视了他过去的行为）。

当艾丽丝完成练习后重新对自己之前的陈述"艾略特没有及时回复我的信息，他就是不喜欢我了"进行评分，她给出的可信度评分（1 ～ 10 分）是 3 分。

艾丽丝完成这个练习之后，意识到自己之前在草率地下结论。艾略特很少长时间不回信息，而且每次这样的情况也都是有正当原因的。当他解释自己是因为环境、工作原因而不能一直在线时，也不会闪烁其词。艾丽丝的假设并不适用于艾略特之前的行为。知道这点后艾丽丝冷静了下来，不再做出过激的情绪反应，情绪沮丧的时候也不再像往常那样冲动行事、自我破坏了。

这个练习对于非黑即白的思维方式、以偏概全 / 小题大做和消极看待问题的人非常有帮助。

------------------------------------ 练 习 ------------------------------------

想象自己在给一个朋友打电话

每个人都是对自己最严格的批评家。我们对自己说的话往往无比严酷，如果他人能够听到我们对自己说了什么，他们会惊惧万分。你同自己说话的方式，与你同自己爱人说话的方式，甚至是与你同商店里为你打包选购商品的售货员说话的方式都截然不同。与他人说话我们往往更加亲切、温和，更有耐心，但对待自己时往往就不是这样了。出于种种原因，对他人所展现出来的理解度，往往并不适用在我们自己身上。我们同样应该宽容地接纳自己。经过反复练习，我们可以像对待他人那样对待我们自己——不必因为某些想法、某些行为就在内心里鞭笞自己。不要太过严苛地对待自己，也不要用从未期望过的方式对待自己，这样只会让你更容易出现自我破坏。

下次你有消极想法的时候，试着安抚自己，就像你最好的朋友有同样的情况，你安抚他一样。你会怎样和他沟通？你会怎样安抚他们，怎样激励他们重新振作前行？即使你不能立即切换到更具同情心的方式，那么"给一个朋友打电话"会帮助你质疑自己原本的想法，重新审视它是否客观公平地反映了事实。

还记得引言里提到的贝丝吗？她也曾饱受消极自我诋毁的困扰。她疲于应付自己的体重问题和各种各样的节食计划。她觉得批评自己乱吃高热量食物，责骂自己没能认真执行减肥计划，可能会起到激励作用。但她越是说自己懒惰、不专注、丑陋，反而感觉越糟糕，越会触发本就存在的自我概念薄弱／易动摇问题，也就更加容易出现自我破坏。

贝丝禁不住想："我是个彻头彻尾的失败者，我永远也减不了肥……我注定长这么胖，令人恶心，整个余生都将这样。"这个想法一遍遍地在她脑海中回响，但当贝丝真正认真倾听这些想法的时候，她被震惊了。这些话实在是太恶毒了——她永远不会对自己的朋友说这样的话。

贝丝在自己的脑海中想象自己最好的朋友卡拉对她说出同样的话。贝丝听到朋友这样的评价，本能反应是震惊于卡拉这么冷酷地对待自己。当你转换角度做一个聆听者，想象一下这样的话出自你的爱人之口，会发现这些话非常让人难以接受。

通过在脑海中设想出卡拉，贝丝与自己的沟通过程中有了更多共情，她原谅了自己不能一直保持完美，允许自己去纠正错误，重新开始执行饮食计划，做出更好的选择。从一个新的视角看待自己为减肥付出的种种努力，这样的想法让贝丝重新有了希望。

这个练习对"理所应当"、归己化、揣测人心的人非常有帮助。

现在我们已经了解了好几种方法来检验想法的准确性，接下来的练习可以帮助你转化思维，使其更加贴近现实。它们都涉及调整思维，用更加现实、更加客观的方法来替代。

消解方法 2：调整

有时压力过大也会导致自我破坏触发因素的连锁反应（想法→强烈的负面感受→自我破坏行为）。有些事可能最开始只是小问题，但最终会支配整个局面，成为彻底的灾难。我们通过调整思维，及时介入，就能够降低过度反应以及自我破坏的可能性。

调整思维并不意味着你要去把自己周围的世界看作充满阳

光、蝴蝶纷飞、天空时刻挂着彩虹的净土。我们的目标是形成少受恐惧影响的客观判断力，以此确保大脑不会再次切换至低效模式，更加侧重趋利而非避害，特别是有时大脑会捉弄你，故意将某些本可以学会掌握的东西夸大成你认为的潜在威胁。它能让你看到具体情境下的挑战，同时会给出现实的而不过激的评价。可能一开始你很难改变自己的思维模式，但就像任何学习其他技能的过程一样，付出大量时间和实践后，它就会被培养成你的第二天性。

自我破坏触发因素是一种扭曲现实的思维方式。某种程度上来说，它们是非理性的，或者至少是不准确的。它们可能会削弱你的自信，阻碍你实现自己的目标。你可以通过调整自己的思维来消除或抵消你的触发因素，并立即制止自己的自我破坏。改变思维的方法之一是有意识地选取相反的观点，以此检验该观点的真实性，也可以帮你形成更加客观且贴合实际的备选观点。下面的练习可以帮助你实现这个目标。

------------------------------------ 练 习 ------------------------------------

故意找碴儿

大家应该都对"故意找碴儿"这个说法很熟悉，它是指为了对某个问题考虑得更加周到，而故意提出反方意见。其意义在于帮助你通过不同的视角看问题，帮助你养成质疑自己想法的习惯，而不是直接接受其内容。"故意找碴儿"是一种基于研究的策略，得到了各类公司、团队和个人的广泛运用，便于人们在解决棘手问题的过程中提出更具建设性的建议，从而避免集体低效率的决策，激发大家更深层次的讨论。[3] 接下来你要做的这个练习可以应用于自我破坏触发因素的相关问题，用于调整这些恼人的想法。

在本练习中，你会构建截然相反的立场观点来质疑自己的自动思维。为了强化这种新的思维方式，你需要列出一系列理由来支撑新想法。这样做可以为你将这种新的思维方式收归己用提供支撑和证据。

在笔记本上记下最近一直困扰你的担忧或消极想法，依据自己对其的可信度按 1 ～ 10 分打分，然后在其下方写下对应的相反观点。在写下一组相反的观点后，设一个 5 分钟的计时器，在这 5 分钟内列出支撑新观点的理由。这里的观点需要更关注事实和实际证据。你的列表里应该包含客观且易衡量的事实。尽量具体详细，在列出能够支撑新观点的证据之后，你可以再对自己原先的观点进行一次可信度评分。在理想情况下，你会发现，和艾丽丝一样，原先的想法经不起这样的检验。

艾丽丝进行这个练习的时候，她先是把自己最开始的想法写了下来，"他不再喜欢我了"，这个想法的可信度评分为 7 分。她在这个想法下面写下了新的相反的想法，"他仍然喜欢我"，然后开始为新想法寻找支撑观点。

尽管她觉得这个练习有些难，但最终还是列出了以下 5 条证据。

认真抬杠

1. 约会时迟到的话，他会为自己的行为道歉。
2. 最近他在处理一个大项目，而且最近这个项目组里有个同事被辞退了。
3. 他说等这个项目完成了，我们就一起做点有趣的事。
4. 他经常给我发一些有趣的表情，即使我前一天没有回复他信息，他也会给我发可爱撒娇的信息。

5.他会为我们的未来做规划打算，每次外出约会时都会提前计
划好下一次的约会行程。

我让她把这些列出来的证据大声念出来，然后问她从相反的角
度来看自己的想法有什么感受。她承认，之前草率认定艾略特不喜
欢自己的行为着实非常愚蠢。我让她依据这些证据重新为自己原先
观点的可信度评分，艾丽丝只给了 1 分。

通过这个练习，艾丽丝冷静了下来，以新的视角看待自己的处
境。她决定做一些或许能让男友感受到被支持、被关爱的事，而不
是受"非黑即白的思维方式"的影响，给两人的关系施加更多压力。
在认识到自己原有的观点其实不可信之后，艾丽丝已经可以避免自
我破坏行为的发生，并调整自己原先的想法使其更贴合现实。正是
借助这样的过程，艾丽丝在这段关系中，以及和男朋友相处中收获
了更加积极的情感，自己也能以爱人的身份去对待对方。

这个练习对于有非黑即白的思维方式、以偏概全／小题大做、
揣测人心的人，非常有帮助。

------------------------------------ 练　习 ------------------------------------

"是的，但是"

学会使用"是的，但是"这一短语，是调整自己思维最简单的
方式。它能够快速调整你的思维，帮你清醒地认识到当前情境中的
种种困难以及希望，在挑战中寻找机遇。你可能会想起小孩子经常
用"是的，但是"开头的句子和大人争辩！实际上，当你进行这个

练习的时候，我希望你能想象出自己与自己的思维相争辩的场景。使用"是的，但是"这种替代思维不仅可以帮你识别情境中有压力的部分（"是的，我多吃了一个纸杯蛋糕"），而且可以让你意识到自己有能力去改变它，或者帮你认识到自己已经做出了值得肯定的努力（"但是我这几天都很好地坚持了自己的饮食计划，而且我保证明天中午会吃一顿健康的沙拉餐"）。

"是的，但是"不是为了合理化某些不好的行为，而是帮你认识到自己虽然偏离了目标，或者做得不够完美（说实话，谁能呢），但这些问题都是暂时的。有些事情你做对了，你已经采取或将要采取的行动将使你走上通往梦想目标的道路。通过"是的，但是"这个句式，我们可以勇敢地对自己犯的错误承担责任，也会进一步意识到自己所做的积极改变，而且将会持续这样做下去。

所以今后如果你注意到任何自我破坏触发因素，请以"是的，但是"开头与自己辩解一番。这个练习很简单，随手就可以完成，因为你只需要稍微集中一下精力，像填空一样补全"是的"和"但是"后面的空白。如果想获得更好的效果，你可以在自己的笔记中完整地写下一系列用"是的，但是"表述的句子，这样的记录会作为今后的快速索引，当你想知道自己如何看待某一情境的积极和消极方面时，可以起到提示作用。

消解方法 3：减少负面影响

正如我们所了解的，现在的问题是，一些极易触发问题的想法在大脑中极为猖獗，而且除非我们能捕捉并及时对其进行调整，否则这些想法极易让我们产生妨碍行为。而且有时候问题的关键并不在于这些想法难以控制，而在于它们施加于你感受和行为的影响。特别是当我们放任这些消极想法去影响自己的世界观和处世态度时，我们会在不经意间让这些想法成了我们的代名词。突然间，"我永远不会拥有一段健康的人际关系"这样的想法就成了你的一部分，而实际上它只不过是你的一个想法。

我们在日常生活中很容易忽略一个事实，我们产生了这些想法，我们并不等同于这些想法。我们常常深陷其中，难以抽出身真正去质疑它们的真实性并及时做出调整。而有时候生活中某些重大变故的发生作为一种应激源，反而证实了这些消极想法，至少在那一瞬间，你会觉得某个消极想法是立得住脚的，而不是对现实的扭曲。在这种情况下，不要试着强行去改变你的思维过程，更好的做法是采取刻意忽略的策略，减少这些消极想法给你的感受和行为带来的负面影响。

认知解离（cognitive defusion）是史蒂文·海斯（Steven Hayes）提出的概念，[4] 指个体从自己的思维中抽离出来并观察它的实践过程。与之相关的心理学技巧已经被证实在解决各种心理学难题[5]的过程中有显著成效，它能够打破想法、情绪、行为之间的发展进程，同时在想法和感受之间创造足够的缓冲空间。实际上，想法并不总会导向感受然后进一步发展成行为。某些情况下，感受和行为并没有直接联系！出现了自我破坏触发因素并非意味着自我破坏行为无可避免。认知解离能够有效地打破这一连锁反应，避免事情进一步发展成为导致自我破坏的恶性循环。这个心理学小技巧可以打破你与低效想法间的联系，从而防止它们对你的感受和行为造成负面影响。

认知解离可以帮助你花更多时间去认识这些想法的本质——它们仅仅是心理活动，而非事实。认知解离并不会直接质疑你想法的可信度，改变你想法的内容，或是调整它们在你脑海中出现的频率。相反，它主要是帮助你避免与这些消极想法产生认知上的融合。借助认知解离，你会以更加灵活的方式与自己的思维过程互动，因而也就会减少触发负面感受和后续行为的次数，特别是在经历消极性以及自我破坏性的连锁事件之时。认知解离能够帮助你从自己的思维过程中脱离出来，打破从触发因素到负面感受再到自我破坏行为这一序列。

如果想要摆脱这些阻碍你前进的消极想法，削弱其影响力，那么把自己从其中抽离出来，以旁观者的角度去看待问题是很有效的办法。每当感受到某些消极想法在脑海中出现且久久不散，或者觉得自我破坏行为将要被触发时、急需缓冲空间之时，你可以立即采取该方法进行补救。

------------------------------------ 练　习 ------------------------------------

给自己的想法贴标签

贴标签是指用语言描述、识别一个想法的本质为何（个体所产生的心理活动）的技巧。这意味着你是作为一个独立的个体拥有这个想法，它是一个完全独立于个体存在的实体。想法不是你，更不是你的外延，想法更不可能凌驾于你——你才是个体的主人，只有你知道在特定的时间自己的思维究竟在怎样运转。评价自己的想法可以帮助你把自己和自己的思维内容隔离开，并降低消极想法的紧迫性、可信性和可行性。

今后如果你注意到自己产生了一个消极想法，请在前面加上"我产生了一个这样的想法"，比如你觉得自己永远找不到另一份工作，那请这样想，"我产生了一个这样的想法：我永远找不到另一份工作"。

注意一下，添加短语"我产生了一个这样的想法"对原来的想法有什么影响。就好像你可以把自己的观点从脑海中抽出来，放在诊疗台上认真评估，检查其真实性。这个技巧不仅可以帮助你改变自己的思维方式，把自己的想法单独摆出来客观地看待，还让你在身体和精神上都与触发自我破坏的因素保持距离。它可以避免你再把自己的某个消极想法当作正确的事实或对自己未来做出的正确预测。对自己说"我产生了一个这样的想法：我永远找不到另一份工作"（以偏概全／小题大做的自我破坏触发因素）这句话，让你可以提醒自己它只是一个心理活动，而不能定义你自己；它更不能代表事实。仅仅产生这样的观点并不意味着现实就会如你所猜测的那样发生，更不意味着其发生的可能性会增加。

如果想更进一步做这个练习，你还可以加上另外一个前缀短语："我注意到"，所以现在这个句子就变成了"我注意到我产生了一个这样的想法：我永远找不到另一份工作"。增加的这个小小的短语可以更加明确地帮你认识到，你是自己意识和思考行为的主体。你是那个识别了自己消极想法的人，然后给它贴上标签——只不过是自己的心理活动罢了。除了体会到这样的短语带来的心理距离，你也可以从客观上感受到其所产生的空间距离。这样做首先需要你在自己的笔记本上写下最开始的消极想法，然后把加入了两个短语之后的想法写在同一行里。现在请你退后一步，看看原始的消极想法看起来是什么样的，你会发现添加了两个短语之后新的想法已经和原始的想法之间产生了几厘米的间隔距离。所以消极想法和心理距离一样，在客观世界里也实实在在地和你产生了距离。仅仅凭借增加的这点距离，你就可以将每个消极想法以及它们带来的强烈负面感受的影响降至最低。

现在我们来看看这些练习方法在杰克（见步骤 1）身上的实际应用情况。对于杰克来说，完美主义已经成为他的内在观念之一，因为小时候父母就以极其严苛的高标准来要求杰克，最优秀之外不存在任何选项。就这样，这些 L.I.F.E. 因素伴随着他一路长大，虽然现在杰克已经成年，但他意识到自己已经把父母的这种想法内化于心，而且总是在为其寻求认同。由于这种对于完美的追求在杰克心中早已扎根，而且伴随着他数十年来的成长，更是不断地影响着他的内心，他已经很难去质疑甚至是调整自己的思维模式，而且对于长久以来困扰着他的那些想法，他也很难从相反的角度辩驳或质疑。所以对他来说，最好的选择就是消除自己现有想法所带来的各种影响，从而与自己的想法拉开距离，收获一些新观点。

最近杰克就遇到了一个将这种"保持距离"付诸实践的场景，他错过了一个升职的好机会。杰克的上司说对杰克的工作表现很满意，但是公司内部的晋升变动必须参考员工的资历，所以他也很无奈，但是许诺下一次的升职名单中一定报上杰克。这个解释其实非常合情合理，但杰克还是觉得他本应该被破格提拔，而另外他又觉得自己彻底失败了，因为自己没能得到升职机会。杰克发现自己开始不断地纠结这个想法——"我从来都不够优秀"。他知道这是一个自我破坏触发因素（非黑即白的思维方式），但仍然觉得这个想法可信度很高，更难以质疑，因为作为一个典型的完美主义者，他坚信应该用高于要求别人的标准来严格要求自己。

我让杰克尝试一下"给自己想法贴标签"的小技巧，杰克在笔记本上写下了如下内容。

我产生了一个这样的想法：我从来都不够优秀。

然后我让他更进一步，在前面加上"我注意到"，他写道，

我注意到我产生了一个这样的想法：我从来都不够优秀。

然后我让杰克退后一步，离自己的笔记本远一点，然后站在笔记本的左侧。这样他就离"我注意到……"近一些，离"我从来都不够优秀"这个原始想法更远一些。

然后我让他把这个新想法大声念出来，因为有时候大声阅读有益于强化认知。念完后，我让他谈谈对原先想法的感受。他说："现在我感觉它并不真实，至少表面上听听就行了……在我把它当成自己的某个想法并贴上标签之后。这也恰恰说明它不是百分百的事实。"

这个练习能够帮助杰克安抚自己的内心，也能缓解他内心逼迫自己在工作上更加努力从而证明自己的焦虑感，同时帮他认清了这次错过的升职机会和工作努力程度没有任何关系，自己已经很优秀了。他不再过多地纠结上司这次的话，反而为上司承诺他下次会升职而感到非常开心。

这个练习对于有"理所应当"、以偏概全 / 小题大做、归己化的人，非常有帮助。

给你的想法贴标签，可以在想法和现实之间划清界限，帮你意识到并非所有想法都是事实。至少会存在某种可能——想法就是想法。它不一定会反映现实，所以你也没必要依其行事。所有想法都在我们脑海中不断浮现消失，但若不去关注，无一例外都会渐渐隐去。你不会在自我破坏上越来越糟——不要相信这些想法并放任其对你造成负面影响，让你产生一连串的自我破坏行为。

现在你已经学习了一系列有效的方法来消解自己的自我破坏触发因素，接下来是时候将重心转移到序列中的下一个环节：你的感受。如果你觉得负面感受已经完全控制了自己，正把你推向自我破坏，你可以重新调整自己的感受调节器，下面我会来详细讲解。

重置你的感受调节器

到目前为止，本书中的绝大多数内容都在讨论想法，但是个体的感受能以同样强烈且显著的方式产生影响。缺乏感受的生活了无生趣！在我们体验世界以及与他人产生联系的过程中，感受是一个重要的部分。它们有很重要的作用，比如让我们和自己的爱人更加亲近，当危险临近时对我们发出警告，让我们纵情体验生活的方方面面。所以它们能对我们的行为产生这么显著且巨大的影响也就不足为奇了。

为了更好地理解感受和行为之间为何有密切的联系，我们首先需要理解什么是感受，以及感受究竟如何运作。感受可以被进一步拆分成情感和生理反应，这两者都可以被身体内部感知（当自己觉得生气时）或者可以被外部观测（比如浑身发抖）。这两方面都可以推动你做出更积极或者更有意义的行动，但在某些情况下，它们也会触发自我破坏行为。下面我们就来更加详细地了解一下这两个方面，搞清楚为什么它们会导致自我破坏，首先从情感开始。

情感

虽然情感非常复杂，没有一个统一或简明的定义能够解释清楚它是什么，但对于那些希望各种概念能有清晰定义的人来说（就是那些有非黑即白的思维方式的人），如下定义可能有些帮助：情感是一种对重大的内生或外界事件做出反应的情绪或感觉状态，它会导致生理或心理上的变化，最终影响我们的行为。[6]让我来稍做解释：正如刚刚的定义所说，情感对我们的行为有直接的影响，它构成了人类决策、推理和规划的基本部分，[7,8]同时确保了我们的生存。[9]情感可以是积极的，也可以是消极的，这两者之间只有非常细微的差别。它们既能使我们状态极佳，也能使我们感觉很糟。如果我们的内心充满了积极的情感，就会感觉自己处在世界之巅，但如果囿于消极的情感，则会感觉自己瞬间跌落谷底。

我知道有些时候情感似乎会突然出现，但我们的感受取决于心理学家提出的概念——认知评价（cognitive appraisal）。它指的是我们对具体事件、情景或具体客观事物赋予意义的过程，被赋予的意义则会触发我们的情绪反馈。可以这样理解：如果你喜欢狗，然后在街上看见一只可爱的小狗，你会觉得很高兴看到它，可能会询问主人能不能逗弄一下它，两人可能还会就这只小狗做一番交流。但是如果你曾经被狗咬过，光是看见一只狗朝着你的方向冲过来就会被吓得够呛，那么你会与狗保持安全距离。在这两种情况下，发生的事件是相似的，但是根据你做出的积极或消极解读，会触发不同的情绪，进而使你采取不同的行为。

不管怎么说，情感都是一种反应；它们并非凭空出现，更不是无中生有。无论是作为对你自己想法、记忆这类内生刺激的反应，还是对其他外界事件的反应，情感终归是对某些事物的反应。比如，在沙滩上的时候你会觉得很开心（外界事件），或者当你白日幻想自己在沙滩上的时候也会觉得很开心（想法形式的内生刺激）。不管你的情感多么让人感到惊讶，多么不受控，都请记住，它们不过是对特定事物的特定反应，这样可以阻止你冲动行事，或者避免做出之后会后悔的事。你越是清楚自己的情绪来源，越可以更好地掌控自己的感受，也就越能够保持情绪稳定。

生理反应

和情感一样，生理反应也不是突然出现的。具体来说，当我们谈到消极的生理反应时，通常是指身体对于应激源（比如感知到的情感上的或客观的危险）做出的自然的、无意识的反应。再回到前文那个在街头遇见小狗的例子，如果你看见这只狗觉得很高兴，你会注意到自己开始微笑，但如果这只狗吓到了你，那么看到它时你会感觉心提到了嗓子眼，或者畏畏缩缩、不敢上前。应激源可以是外界事件，即身边的环境或具体情境下发生的某些事，比如说地震。但个体的内生感知，或者能勾起自己诸如悲伤、焦虑、内疚等情绪的关于负面事物的回忆，同样会引起这种反应。通常，如果你觉得自己没有足够的能力去解决眼前面临的或者自己设想出来的障碍，你就会认为这件事非常危险。不论它是实实在在地对你的生命构成了威胁，还是仅仅在你看来会受到威胁，你对某个具体事件的感知会触发身体内部的一系列连锁反应，包括心率、呼吸频率、体表和体内温度、汗液分泌等的变化，还会出现发抖、恶心、反胃以及眩晕。这可不是在开玩笑！

　　和情感一样，生理反应也可能突然被触发，但从生物学层面来看，身体已经迅速发生了一系列特定反应。当我们听到或者看到什么事而让自己感觉压力倍增时，信息会被迅速传递至大脑，由大脑中的杏仁体（大脑情感处理中枢）来处理。接着这些信息被转移至下丘脑（大脑中的神经系统调节中枢）。下丘脑会分泌促肾上腺皮质激素（ACTH），这种化学物质接下来会扩散到交感神经系统，并激活肾上腺素——会激活战斗或逃跑反应。当你的身体已经为紧急情况做好准备时，它就会大量分泌肾上腺素，这就相当于给身体内部各个系统和器官释放了紧急情况信号，提醒它们对于应激事件的发生要保持高度警戒。在这种情况下，你会提高呼吸频率来加大从血液中的摄氧力度，心跳加速以提高体液的循环速度，部分肌肉会收紧为预期行动做好准备（即有些人会觉得冷汗直冒、寒毛竖立）。这些生理反应会促使你做出防御措施。

但是和情感一样，如果你能够识别自己的生理反应，那么它们同样是可控的。这可是个好消息！但如果我们不能很好地处理这些情感或应对这些生理反应，它们反而会增加你的压力，进一步加剧负面感受。当上述情况发生时，就会使人产生逃离应激源的强烈冲动，采取的相关行动甚至会对自身不利。接下来我会进一步详细说明。

感受产生行动

如果能够善用感受，它会是我们做出反应和行动的强大动力，能在极大程度上帮助我们获得对生活和环境的掌控；但缺点就是你很容易就偏离自己的路线，从取得成就转变成一味逃避。避开不适听起来似乎很有道理，也非常有吸引力，但其实任何值得我们为之努力的目标往往都伴随着潜在的危险、质疑和各种不确定性。关于感受的另一个棘手之处在于，对于威胁和形势严重性的感知会使我们采取原本不必要的逃避行为。

调节你的感受

有时候尽管我们已经按照要求尽力去消解自己的自我破坏触发因素，感受强烈的情绪也有所下降，却发现自己的感受仍然很顽强，因而还是激发着自己强烈的冲动，想要躲避或者摆脱不适情境。首先你需要认识到想法和感受之间存在着互动关系，然后才能将感受推翻，避免自己走向自我破坏。人的感受并不是凭空出现的，但不管感受看起来有多强烈，你都不要受它们掌控。你能够掌握主导权。

这也是为何你要在消解自我破坏触发因素的同时，培养一些能调节强烈感受，确保其处于可控范围内的技能。你的大脑想要回到情绪内稳态（homeostasis）的状态，所以它会调节你的感受，帮助你重置自己的调节器，让大脑重新回到舒适状态，能继续和往常一般运作。

好消息是，在调节自己的感受这条路上，你已经踏出了第一步，那就是将其识别出来并贴上标签。毕竟如果不能发现问题，就不能寻求最佳的解决之策。在步骤1的"关注ET×ET"练习（72页）以及在本步骤的想法练习中，通过对激发负面情绪的事件进行描述，以及对激发我们感受的事件（想法）进行解读，你已经掌握了这些识别和贴标签的重要技能。

现在我们已经知道了什么在激发我们的负面感受，以及它们为何会被激发，接下来我们会学习一些其他的心理学技巧，这些技巧可以帮助你在发现自己的负面感受之后将其引导至自己可控范围内，防止自己再次冲动地采取自我破坏行为。你可以用同样的方法在不同方面处理自己的想法，选择去直面它们、转化它们，或者远离它们，你也可以采取之前学习过的方法来处理这些想法。你尝试的方法越多，就越有可能找到自己最喜欢且适用的方法。

-------------------------------------- 练　习 --------------------------------------

情感具象化

　　强烈的负面情绪会让你觉得失控，所以我对这个练习情有独钟，它能够帮助你重新控制自己的情绪和所处的环境。为了能够有安全感，每个人都在某种程度上需要这种掌控感，它是我们实现自我价值道路上的基石，可以帮助我们在最大程度上激发自己的潜能。著名的心理学家亚伯拉罕·马斯洛（Abraham Maslow）提出了这样一个需求理论：人们不同的行为动机来源于需求层次，从最基础的对食物的需求到最高级的自我实现的需求。[10] 只有满足了前一层的需求，你才能进而实现金字塔更高一级的需求。所以如果你连诸如安全、保障这类基本需求都没能实现，就不可能更进一步去实现自我发展的需求。这个理论非常有意思，在步骤 5 时我们会进行更深入的探索。

　　通常来说，消极或者强烈情绪之所以会让人如此畏惧，是因为它们常常无所定形。缺乏明显的界限会让你的大脑产生一种永无止境的印象，这会让我们在情绪上感到不安全。恐惧、悲伤、愤怒、内疚或羞耻等情绪在很多方面比生活更重要，因为对它们而言，唯一的限制就是我们的大脑能让它们变到多大、多可怕。当我们感受这些情绪时，我们的大脑忙于猜测各种可能性，试图预测或回避任何潜在的危险，以便我们能够继续生存和成长。将强烈的情绪具象化，会更容易处理和管理这种情绪，因为任何有形的物体都有开始和结束。学会赋予你的消极情绪以具体的形状、大小，甚至颜色，这样有助于提高你对这种情感的控制，最终便于你去征服它们！

　　如果想练习把自己的情感具象化，请回想一下最近困扰过你的某个情感，然后把它写在本子上。

找一个舒服的姿势坐下来，进行几次深呼吸。想象你在体内寻找代表该情感的物体，慢慢地把它拿出来，摆在自己面前。打个比方，它可能是一团橡皮泥、一个大保龄球，甚至是一块木头。接下来我希望你能调动自己的五感去感受这个具象化代表物，一个一个来。

1. **视觉**：它看起来是什么样子？它是什么颜色？它的大小、形状、轮廓是什么样子？
2. **触觉**：表面光滑还是粗糙？沉重还是轻盈？温热还是冰凉？
3. **听觉**：非常安静还是会发出声音？如果发出了声音，请把这种声音描述出来。
4. **嗅觉**：它有味道吗？如果有，是香味还是臭味？
5. **味觉**：如果你能咬一块这个东西尝尝，它是什么味道的？味苦、酸涩、过咸、甜蜜，还是以上皆有？

在笔记本上写下你的答案，尽可能从多个具体的维度给出对你这一情感具象物的描述。当然，如果你愿意，你也可以在笔记本上把这个具象化的客观物体画出来，在旁边写下你对它的文字描述。

在你清晰地描述了这个客观物体之后，我希望你去想象自己双手握住它。然后想象能够用自己的双手去揉捏塑造这个物体，从而改变它的尺寸、形状、重量、颜色等。最好可以把它变得更小、更可控。不断地挤压它，直到只有豌豆大小。当你完成这种转化后，想象着把这个只有豌豆大小的情感装进自己的口袋、钱夹或者皮包里。现在把它随身带着很安全，而且它会提醒你如何把一个强烈的、无形的且带来各种麻烦的想法转变成可控的客观实体。这表明现在你已经有能力去施展自己的"魔法"，以这种方式重新控制任何你觉得过于强烈的负面感受，同时改变形态，使其更加安全，还能消除思维内部的情绪警报，避免激发人体的过激生理反应，甚至进一步触发自我破坏行为。这个练习以一种有趣的方式削弱了负面情绪的影响力，完全改变这些可怕的感受，让其不再可怕。当你有了更多的掌控感，就会感知到更少的威胁，也就能更好地追寻自己的目标。

在完成了这个练习之后，你可能感觉对自我感受的掌控有所提升，但还是搞不清楚接下来具体要做些什么。在本步骤的前期学习中，你已经知道了感受会直接导向行动——接下来我们的练习就是利用这一序列，通过它来激发你做出和彼时自己感受完全相反的行动。相比最初你按感觉引导所做的事，接下来的练习让你做的事更有效，并开始为一系列更符合你目标的新的事件铺路。让我们来看看它具体是怎么运作的吧。

-------------------------------- 练 习 --------------------------------

相反的行动

前文中我们已经讨论过感受如何触发行动。每种感受都伴随着人们想要去做某件事的冲动，即使这种感受并不合理，或者不符合当时的现实情况。比如，如果你被要求在一个小型的家庭成员聚餐上发表简短的欢迎致辞，而你对其充满了强烈的恐惧，即使你完全没必要这么害怕，但你还是会迫切地想编造一个借口逃避这次致辞，或者很晚才赶到聚餐地点，以免于致辞。如果我们始终让负面感受所带来的冲动主导自己的行动，反而会给这些感受以力量，提升其强烈程度。这些强烈的负面感受很有可能导致自我破坏行为。

研究表明，如果想要消减某种负面感受的强烈程度，那么最有效的方法就是采取与你的感受完全相反的行动。[11] 这一理论已经被很多著名的心理学家所采用，其中包括戴维·巴洛（David Barlow）博士、[12] 阿伦·贝克（Aaron Beck）博士、[13] 玛莎·莱恩汉（Marsha Linehan）博士 [14] 以及罗伯特·莱希（Robert Leahy）博士，[15] 上述这些心理学家在帮助来访者管理生活中负面情绪所带来的影响时，都借助了这一条基本理论。相反的行为可以帮助你辩驳负面情绪不可控，这个根深蒂固的观点还会告诉你这些情绪不会永远持续下去。

通过练习相反的行动，你可以削弱那些消极情感，同时可以提高压力状态下掌控自己情感的自信心。关键并不是掩饰你最初的感受，或者假装负面情绪并不存在。这个练习并不是压制你的情感，只不过是让你采取和自己感受完全相反的行为，从而告诉你的大脑一切顺利，你可以应付面前的挑战，告诉它不需要激发战斗或逃跑反应（也不需要让自己产生逃避威胁的想法）。在大多数情况下，这些防御性小技巧只会把你推向自我破坏。而当你有了安全感，没有挑战时，你就能更好地控制自己的反应和行为，从而降低自我破坏发生的可能性。通过应用这个技巧，你可以调整自己的情绪影响想法、生理反应以及行为的方式，当情绪慢慢变得可控，你就更容易引导自己去做该做的事，实现目标。

现在就让我们来试试这个练习。首先，请查看自己在前面"记录想法"这一练习中所记录下的后两栏内容："感受""想做什么 / 已经做了什么"。你在回答这些问题时，请加入自己承压状态下内心的感受，特别是当你刚搞定某个自我破坏触发因素，准备清除它的时候，以及情感强烈度已经提高，但自己仍然紧张不安的时候。

感受	想做什么 / 已经做了什么	如果不采取相反的行动，你想要做什么	对自己的感受重新评分
此刻你有什么情感或生理反应 你的情感或生理反应有多强烈？按 1 ~ 10 分打分	在感受驱动下，你现在想采取何种行为（不管你已经做了还是没做）	你现在能做什么与自己行为冲动相反的事	再次写下你的情感和生理反应。完成"相反的行动"练习之后，再次对自己感受的强烈程度评分

　　现在我们来看看第三栏。想一些现在能做的、与你的感受完全相反的事。下面有一些提示来帮助你开始。

- 如果你觉得很害怕……去做一些能够激发自己自信心的事情。做一些你知道自己擅长的事情。做一些需要自己稍微鼓起些勇气的事情。

- 如果你觉得很悲伤……请赶紧从床上坐起来，做一些积极的活动。做一些能够回馈他人的事。打电话问问自己朋友的近况。报名当一名志愿者。

- 如果你觉得很愤怒……尝试关心别人。做几轮深呼吸，向自己的内心灌输一种平静的思想状态。

- 如果你觉得受排斥……去联系一下其他人，给别人打一通电话，或是发一封电子邮件、一则短信。对陌生人微笑。大方地赞美你遇到的下一个人。

- 如果你觉得很沮丧……鼓励一下他人。为朋友加油打气，鼓励他们追求自己的目标。做一些能让自己有成就感的事，不管这件事多么微不足道。

- 如果你觉得很疲惫……去做一些让自己充满精力的事。从床上爬起来做十个开合跳。打扫房子的某一区域。

　　一旦写下与自己现在感受相反的事情，请立即付诸实践！然后请再回到本书中来，再次写下你刚刚在第一栏写的自己的情感和／或生理反应，再次对这些感受的强烈程度进行评分。对比两次的评分结果，你注意到其中的下降变化了吗，哪怕只是很小的一点点？大部分人在做完一次练习之后，自我感受的强烈程度就已经有所下降，而在完成了第二次和第三次练习之后，感受强烈程度还会持续下降。你越留意这类现象，对自己感受的掌控感也就越多，也就更不会冲动行事，自我破坏。

提升积极情绪

　　有些时候负面的事件和想法会导致我们情绪低落，调整我们心态的方法之一就是做一些能够立即带来愉悦和快乐的事情。不用担心这些活动太简单或者持续时间太短，因为它们此刻能给你带来的感受恰好足够你重新调整自己的心态，避免再次滑向自我破坏。

　　现在请你看看下面的列表，有些选项是我从"成人愉快活动规划表"[16] 以及"愉悦活动清单"[17] 中挑选出来的。我收录了其中的一部分放到这里呈现给你，在附录 C 中你也可以看到一个包含 50 项内容的整理好的列表。如果你想了解更多内容，还可以在延伸阅读中找到这个列表的完整版，其中包含了超过 100 项内容。挑选理念是活动参与时间要少于 10 分钟，同时你也可以从中收获很大的乐趣和快乐。在停下来进行下列某个活动之前，可

以先记下自己的心情（方便起见，可以按从 1 ～ 10 分评分，10
分意味着此刻心情非常好），在完成之后再次记录自己的心情。如
果只是略微让自己的心情好了一些，或者稍微延缓了一下自我破
坏的步伐，那么你已经推动了自己的情感发生变化，使得自己的
目标实现之路更加顺利。

1. 动起来——做几个瑜伽动作，做几次开合跳、快步
   走、跳跳舞。

2. 做一些艺术性 / 创造性的事——速写、彩绘、做手工、
   写一首诗。

3. 欣赏音乐——听听你最爱的单曲，哼唱你最爱的旋
   律，弹奏你最喜爱的乐器。

4. 放松下大脑——读一篇优美的文章，完成一幅拼图，
   玩一玩填字游戏。

5. 收纳整理——打扫卫生，收拾家务，做一个短期规划。

6. 保持连接——依偎在自己的爱人或宠物边，做一些慈
   善捐助，给他人发短信或邮件。

7. 爱护自己——洗澡，擦润肤乳。

8. 活跃自己的感官——闻闻花朵或香水。

9. 保持平和——沉思冥想，调整呼吸。

10. 犒劳自己——来点咖啡、茶、健康零食。

11. 微笑——对着镜子里的自己微笑，或者对其他人微笑。

扭曲真相的想法和难以控制的感受只会阻碍你实现目标。但

就像我们在这一步学到的那样，你不必把这些想法完全当真，更不必任由这些想法压迫你，甚至触发你内心的转变，从趋利转为避害，并最终导致自我破坏。接下来我还会给你提供一些附加练习，它们能够帮助你养成习惯，定期以恰当的方法质疑自己的想法和感受，避免被它们推向自我破坏。

快速练习：给朋友打电话（10分钟）

本练习能够帮助你找出自己的消极想法，并且引入不同的视角帮助你质疑或调整自己的想法，尤其针对那些不完全贴合现实的思想。控制自我破坏触发因素最困难的原因之一是这些消极想法深深地潜伏在意识的深处，不为人察觉，而我们又倾向于将这些想法付诸实践，要么把它们作为事实来接受，要么受其影响做出行动，这样反而更加加剧了它们对我们感受和行为的影响。所以下一次你确定了某个想法是自我破坏触发因素之后，我强烈建议你立即拿起手机打给自己的爱人或是可信的朋友，告诉他们你当时的感受，以及由什么事件或情景所触发。询问他们是否觉得这种想法如实反映了现实情况，并请他们分析上述自我评价中有何遗漏。借助旁观者的思维角度有助于你分辨理性想法和自我破坏触发因素，也有利于找出那些阻碍你实现目标且根深蒂固的负面思维模式。

短期练习：随时记录自己的想法（接下来的24小时）

如前文所述，如果你想准确找出隐藏在想法背后的事实，那么在所想和所做之间创造出足够的缓冲空间是很重要的方法。当想法（尤其是那些反复出现的想法）在你的脑海中翻腾时，它们似乎永久占据了大脑，这些想法是重要而真实的，因此可以决定你的行为表现。在本步骤前面的部分中，我们曾做过一个给自己的想法贴标签的练习，这个练习有助于我们与自己的消极想法（仅仅是一种心理活动）创造心理与实际的缓冲空间。贴标签可以帮助你清楚地划分你和自己想法之间的界限。同样，这个练习有助于在你与自己的想法和感觉之间建立距离。这个练习可以释放出你头脑中的一些空间，并为重复的、消极的想法和难以对付的感觉提供一个生活的物理空间，这样你与它们的相互作用时间就会很短暂，从而不会做出过度解读或付诸行动。有时候你会不由自主地对自己的想法做出反应，即使你知道它们并不总是对现实的准确反映。有时尽管你已经尽力去消解自己的自我破坏触发因素，却仍然会觉得失落、沮丧，甚至悲伤。如果你今后再次察觉到自己的自我破坏触发因素或某种难以调节的感受，请把它记在一张卡片或者便利贴上，然后装进口袋、钱包或者手提袋里。在接下来的一整天中，请随身携带这个小纸片。

如果你之后发觉这个想法或感受再次出现在脑海中，拿出卡片，多读几遍上面的内容，然后把它放回去。提醒自己不要再纠结于这个想法或者感受了，因为你已经把它记在卡片上了，所以不会再忘记它了！只要你愿意，你可以随时把这个卡片拿出来读一读，但是读几遍就够了，不再深入思考、过度解读，或者一直猜测其真实性或者该想法让人多么沮丧，这才是有难度的地方。一整天过去之后，再看看这些感受和想法对你行为的影响是否有所改变。

长期练习：记录想法扩展练习（之后的一个星期）

本练习会记录①你在感受到自我破坏触发因素时想要去做什么和通常与之相关的感觉，②你使用了哪些有效的方法去替代自我破坏行为，以及③你的感受如何因你使用有效的方法而改变，通过这些记录，将你的想法修改提升到另一个水平上。这个练习会加强行动和感觉之间的联系，而且在压力大的情况下，选择有益的行动会对你的情绪和生理反应产生很大的影响。本练习将帮助你将学到的东西带到下一个阶段，并且告诉你，干预自我破坏触发因素不仅可以阻止自我破坏，同样能够让人产生良好的自我感觉，或者对自己的处境更加乐观。正如前文中所讲过的，尽管在想法、感受和行动之间存在着天然的递进过程，但该环节中的每一部分都可以循环而对其他部分造成影响。

你同样可以把记录想法扩展练习誊到自己的笔记本上，它是"记录想法"练习和"相反的行动"练习的结合，这两个练习你在前面已经做过了。除了"相反的行动"练习，你还需要把在这一步中学到的所有能解决自我破坏触发因素和不适感受的心理技巧全部记录下来。在尝试过本步介绍的所有练习之后，你应该已经找到了自己最喜欢的那几个。在使用了选定的技巧之后，重新评估一下你最开始在表中记录的情感和生理反应，然后在最后一栏按照其强烈程度按 1 ～ 10 分评分，以此来判断该技巧的效果。

日期和时间	情境/事件	自动思维	触发的主要 L.I.F.E. 因素	感受	你想做什么	你实际做了什么	后续感受
	是什么样的想法、心理表象和可感知事件导致了负面感受	你有何感受，想到了什么心理表象（例如，自我破坏触发因素）现在对于每个想法，你在多大程度上相信它们？按 1～10 分评分 请写下相符合的自我破坏触发因素类型	该自动思维与哪一个/哪几个 L.I.F.E. 因素有关联 • 自我概念薄弱/易动摇 • 内在观念 • 对变化以及未知的恐惧 • 控制欲过强	现在你有什么样的情感或生理反应？这些情感或生理反应有多强烈？按 1～10 分评分	你的感受让你想做什么（不管做了还是没做）	写下你使用的心理学技巧	再次写下你的感受，并于完成练习之后按 1～10 分评分

日期和时间	情境/事件	自动思维	触发的主要 L.I.F.E. 因素	感受	你想做什么	你实际做了什么	后续感受
	是什么样的想法、心理表象和可感知事件导致了负面感受	你有何感受、想到了什么?心理表象、想法(例如,自我破坏触发因素)你在多大程度上相信它们? 按1~10分评分 请写下相符合的自我破坏触发因素类型	该自动思维与哪一个/哪几个 L.I.F.E. 因素有关联 • 自我概念薄弱/易动摇 • 内在观念 • 对变化以及未知的恐惧 • 控制欲过强	现在你有什么样的情感或生理反应 这些情感或生理反应有多强烈 按1~10分评分	你的感受让你想做什么(不管做了还是没做)	写下你使用的心理学技巧	再次写下你的感受,并于完成练习之后按1~10分评分
3月10日	我的男朋友专注于工作,我感觉自己很孤独、被冷落	他一点儿也不关心我(非黑即白的思维方式) 我们的恋爱关系要完蛋了(小题大做)	控制欲过强	不安:6分 悲伤:5分 愤怒:4.5分	我主动挑起了一场争端看他会怎么做,如果他跑到我门前主动与我和好,或者表达出自己强烈的爱意,我才会觉得我在他心里很重要	"保持距离"(我注意到我产生了一个这样的想法:他根本不关心我了) 故意找碴儿(在五分钟内,我写下了可以证明他仍然关心我的客观证据) 相反的行动(即使非常愤怒,仍然和他共情——他加班时我主动提出给他送晚饭)	不安:2分 悲伤:2分 愤怒:0分

艾丽丝发现记录想法扩展练习对解决自己恋爱中遇到的诸多问题效果显著。不管她的男朋友说了或做了什么，艾丽丝就是不相信他是真心想和自己谈恋爱。她频繁地去"试探"他，以判断他是不是真的关心自己。比如她会故意挑起两人之间的争端，看看对方会怎么哄自己开心。尽管一开始艾略特会拼命地讨好她，但最终他对这一切感到厌烦，并告诉艾丽丝自己很讨厌这样的试探，或者常常为一些琐事而争吵。

艾丽丝记录下了最近一段觉得被男友冷落的时间，因为当时他一直在忙于自己的工作。她清晰描述出了自己自我破坏的冲动，包括感受到的自我破坏触发因素和强烈情感，但她通过与自己的想法"保持距离"、故意找碴儿，以及采取相反的行动等方法，成功学会了如何阻止这些行为冲动。

艾丽丝觉得自己取得了胜利，因为现在的她能识别出自己反复出现的思维定式，能够在自我破坏控制自己并和男友开始无尽的争吵前及时干预阻止，以免对双方都造成伤害，降低了自己的不安感。她也借此机会发现自己有能力调节情绪，减少了她的冲动，也帮助她以一种健康的方式构建起了自己的掌控感。影响艾丽丝最主要的 L.I.F.E. 因素就是控制欲过强，它可能会导致小题大做和非黑即白的思维方式（这是艾丽丝最常见的两个触发因素），正如艾丽丝自己在表格中记录的那样。一旦艾丽丝意识到自己有能力去调整思维和感受，就已经能够充分平静自己的内心。记录想法扩展练习让艾丽丝明白，她可以以一种更加积极的方式来满足自己对情感关系的需求。

接下来呢

现在你已经知道，不管你的想法多么强烈，它们并不代表事实，也不能代表你的感受，更不能凌驾于你阻止自我破坏的能力。你已经学会如何关注自我破坏触发因素，如何迅速干预，避免想法和感受进一步触发自我破坏行为。感受可以被控制，让人重回内稳态。通过本步骤中的各类练习，你已了解到，在经历强烈的情感和生理反应时，不要让随之而来的冲动主导自己的行为。你可能会发现在本章我提供的各种练习中，有些练习对你很有帮助，而其他的则不尽然，这在我的预料之中。关键在于你要找到最适合自己的练习，这样才能不断地提高自己对于消极想法和感受的意识，然后主动进行调整，降低自己自我破坏的可能性。今后一旦想解决某个想法，或是感到它开始阻碍自己的前进时，请记得使用这些练习，要知道，随着时间的推移，你练习得越多，它们对你的帮助也就越大。这一切都是为了改变你脑海中现存的定式，正是它们导致你停滞不前，所以定期、反复地运用这些技巧可以帮助你重新建立一个思维体系，能够帮助而不是阻碍你去实现自己最重视的目标。

第3章

步骤 3

跳出常规，避免重蹈覆辙：基本的 ABC 流程

有这样一句话，"所谓愚蠢即是在重复的生活中期待不同的结果"。所以当某个行为没能实现预想的结果时，我们为何还会选择一遍遍地重复这个行为？

此时此刻你已经理解有时自己的内生冲动会偏向避害，而非趋利。这种倾向往往由一个或多个 L.I.F.E. 因素引起。对于自己的自我破坏触发因素如何导致不适感受，这些想法和感受最终又会怎样触发你的自我破坏行为，你应该都已经有了更清晰的认识。但即使知道了这

么多，你可能发现自己还是会有自我破坏行为。这真的很让人头疼！如果你能够识别那些随时会触发自己自我破坏行为的不适想法和感受，也正努力地尝试去控制自己的想法，调节自己的感受（见步骤 2），那为什么还是不能阻止自我破坏呢？

为了深入了解有些人为什么屡屡犯错，陷入自我破坏的困境，我们先来看看珍妮的例子，她一直有拖延的坏习惯。珍妮是广告业从业人员，事业有成——至少大部分时间是这样。可当她接手长期项目的时候，坏毛病就又犯了，不管任务期限有多长，她都会拖到最后才开始工作。为了完成一次工作汇报，她甚至向公司称病请假，然后又把本来安排好工作的这一天浪费在其他事情上。夜幕降临时她才惊讶并沮丧地发现一天又过去了，而自己什么也没有准备——至少就工作来说是这样。在白天的那段时间，珍妮一直在家里做一些其他的事情，所以一天结束后，她的衣橱和浴室可能光洁如新，但自己的工作呢？几乎没做多少。她也知道为了让上司满意，也为了自己以后的职业发展，她需要完成工作汇报，不仅要按时完成，还得保证质量。珍妮的问题就在于她把最重要的事情放在最后，然后又等到最后一刻才开始做，并且在完成项目的过程中承受着巨大的压力。虽然她每次最终都圆满完成，但对于这样的结果她并不满意。虽然她非常聪明，对事务的轻重缓急也有清楚的认识，但只要她着手一项长期项目，同样的情形就会出现。每每！都是！如此！

为了解开这个难题，我们需要回到 ABC。它不是我们在小学学到的字母表里的三个字母，但这样理解确实有助于记住它们：

"前因（antecedent）、行为（behavior）、结果（consequence）"。

ABC 流程

触发我们自我破坏的想法和感受是整个环节中重要的构成部分，但我们还没搞清楚所有环节！行为被巩固之后，会随着时间的推移不断地被激发和强化。所以我们一定要搞清楚这种巩固过程的发生原因是什么，它背后的运行机制又是怎样的。这个时候 ABC 就派上大用场了。

在应用行为分析理论[1]中，ABC 被看作理解、分析和调整个体行为方式的组成要素。了解 ABC 流程可以帮助你更好地理解自己的行为，包括其主要成因和后续影响，[2] 还可以帮你明确识别在特定的行为之前发生了什么（前因），紧随特定行为之后又发生了什么（结果），而这些行为很可能不断重复发生。

ABC 流程也有积极作用。触发我们行为的事件无时无刻不在影响着我们，而且很多这样的 ABC 流程会使我们的日常生活更有效率，比如闹钟响起，提醒我们起床然后开始新的一天。但同一个可以提高效率的 ABC 流程在特定情况下却会使我们弄巧成拙。有些事件可能会给你生活的各方面造成一些不如意，比如你的恋情、工作、收入、友情、家庭关系、总体幸福感等，而了解这些一系列事件背后的运行细节，有助于你阻止自我破坏的发生。

因为行为直接受其发生前和发生后的事件控制，所以我们可以通过调整前因和 / 或结果来重新处理行为本身。为某些重复性的自我破坏行为定制 ABC 流程至关重要，这样你才能更有把握地决定继续进行哪些有利于自己实现目标的行为，减少哪些阻碍自己实现目标的行为。

为了更详细地了解 ABC 流程，让我们看一看其中的每个部分。

A 代表前因

前因是指一个能立即触发个体行为的刺激事件、情境或环境。[3] 它是任何可以触发行为的事物，包括：

- 环境暗示，比如个体周围的体外环境，比如下雨天，温度的变化，特定的感官刺激，比如听觉、嗅觉和触觉。
- 事件，比如和朋友发生的某次争执，在工作场所或家庭聚会中被训斥。
- 时间和场合，比如一些特定的社交场合（如工作会议、聚会、相亲），或者一天中某些特定的时间。
- 人，比如某个特定的人出现或不在场，某些特定人的行为或无作为。
- 事物，某些特定物品的出现（比如钱、酒、食物、爱人的照片）。
- 记忆。
- 想法（包括一些普遍的自我破坏触发因素）。
- 感受（情感和 / 或生理反应）。

　　如果伴随着任何一个上述前因的出现或消失，你的某个行为被触发，该行为会被称作处于"刺激控制"（stimulus control）之下。[4]我们的所有行为几乎都会受刺激控制影响——不受其控制的很少见，而且往往是不自主动作（比如运动性抽动）。我们的大部分自主行为都是对某个前因的回应或者反应，了解这一点非常有帮助。如果能够清楚地认识到某一特定自我破坏行为的起因是什么，就能够帮助我们运用合适的策略来调整前因或者自己的反应以及时做出改正。打个比方，可能你们公司的休息室里放了一些休闲零食（前因），而你看到后禁不住诱惑打破了自己的节食计划，偷偷吃了一两块饼干（行为）。如果饼干没有被放在方便拿取的桌子上，你可能就不会离开办公室去找饼干吃了。在这种情况下，我们就认为这种"下午吃零食"的习惯是处于刺激控制之下的，而知道这一点就能够帮助你提前准备好应对措施（比如嚼一条口香糖，而非吃饼干）。另外，由于缺乏社交互动（某个前因的缺失），无奈之下你只能不停地刷帖子（行动），寻求一些人际互动，但是如果你刚刚结束和好友的聚会回到家，就不会产生在社交媒体上寻求人际互动的冲动。所以在这种情况下，调整前因本身（多和心爱的人进行社交互动）就可以帮助你避免自我破坏行为。

　　有些前因会刺激我们立即采取行动，有些前因则会潜伏下来，可能是五分钟、五小时、五个月，甚至是五年。心理学家用近端前因（proximal antecedent）这个术语指代这些刚刚发生的前因，同时用远端前因（distal antecedent）指代那些过去发生的事件。前因发生的时间并不会影响它的作用。近端前因通常更容易被发现，远端前因则需要更加仔细才能辨别出来。

打个比方，每当你去电影院看电影，注意到里面的爆米花小卖部（近端前因），闻到了黄油的香味（另一个近端前因），都会买一大桶吃，但是实际上你平时不怎么吃爆米花。而且你和朋友一起在家看电影时，压根儿都不会想着自己去做或者去买爆米花回来吃，但是因为这些实时的环境刺激，你会直奔小卖部。

由于过去的（远端）前因通常在自我破坏很久之前就已经发生，所以它们稍许有些难以识别——它们毕竟不像爆米花诱人的香气一样明显！但是，不管是多久之前发生的前因事件，仍然对你是否做出某个特定行为有重要影响。而且之所以某些远端前因能对我们产生不止一种影响，往往又和我们的 L.I.F.E. 因素有关。

以珍妮为例。珍妮深深的不安全感与她的工作自我（work self）有关，她的自我概念以她在学术和职业上贡献的能力为基础，而工作自我是她自我概念的一部分。薄弱的自我概念源于她的童年经历，当时她了解到自己患有阅读障碍，所以她刚上一年级就要去报额外的补习班。很长一段时间里，她都很难在学校取得好成绩，而且需要在考试复习上比同龄人花费更多的时间。这种情况一直持续到大学，那时候她需要借助校园援助中心的帮助才能完成某些高难度课程的学习。长此以往，她逐渐怀疑自己独立完成好工作的能力，虽然最终珍妮解决了自己的学习问题，顺利完成了大学学业，但这些经历还是持续影响着她，使她对自己的工作能力也时而自信，时而自卑。

当珍妮受命为自己的广告团队总结年终报告时，她薄弱的自我概念（L.I.F.E. 因素）、拖延（近端前因），以及之前的差评（远端前因）所有这些东西统统汇集到了一起。项目的截止日期被定在周五，这样高管们就可以利用周末时间做出重要决策。珍妮周一收到了任务安排，但她拖延了一周，一直在忙其他的工作。到了星期四下午，她意识到自己今天晚上必须赶工，以确保工作能够按时完成。

珍妮毫不费力地列出了那个周四晚上影响自己工作效率的近端前因。比如，她回忆道自己到家后发现网购的衣服已经到了（近端前因），所以她顺理成章地立即开始试衣服（行为）。决定好哪些衣服留下，哪些衣服需要退货（前因）后，她开始填写退货回执单，然后把要退货的衣服打包起来（行为）。在解决完衣服的事之后，她终于决定坐下来，完成几页工作报告；然而她刚坐在桌前，突然注意到桌子上放着一堆自己这几天忘记处理的邮件（另一个近端前因）。她觉得自己至少应该先把这些邮件全部浏览一遍，留意那些标有待办标签的邮件（比如支付各项家庭开支）。当然，这里的每一项活动单独来看都是有成效的，珍妮也有责任去完成，但是每多出一项都会使她从当前的任务上分心，最终构成了她的拖延，此时它们本身就是多余的行为。到最后珍妮坐在桌前开始工作时，已经是晚上 11 点了。

当我问她有没有可能是过去的前因导致了她在这个项目上拖

延时，她回想起来在一个星期之前，她收到了自己直属上司发来的工作表现评估，她只得到了次佳评价（远端前因）。虽然在其他方面符合期望，但上级认为她在持续跟进项目进度上的能力还有待提高。珍妮觉得非常尴尬，因为她在上一份工作中收到过同样的评价。这激发了她内心的不安感，让她觉得自己没有其他人优秀。接下来一连好几天她都非常低落，情绪被羞愧和焦虑占据（这也是一个远端前因），所以就更不想做和工作有关的事了。这两个前因发生在一个星期之前，但仍然对她的行为造成了显著影响。

　　消极的自动思维和感受属于内生触发因素，类似的触发因素在前几步中已经讨论论过，同时也存在着很多环境触发因素，比如恋人或者同事的某些行为、生活中的一些负面事件（比如今天工作不顺，爱人生病），以及身边亲近之人生活中所发生的事（比如姐姐离婚，好朋友的丈夫出轨了）。在珍妮的例子中，虽然她做任何与工作无关的事都很明显是在自我破坏，但不难想象，她把对工作的拖延视作一种手段，以逃避之后可能由工作带来的更加负面的感受，以及对自己没有能力高质量完成工作报告的恐惧。听起来虽然有悖常理，但是珍妮为了避免这份报告被上司批评，却冒着在其他方面被批评的风险，选择直接逃避撰写这份工作报告——这就是自我破坏！逃避当前感知到的负面事件、情感、想法的冲动非常强大。此刻，避害就是趋利，因为它让你暂时逃离了令人不适的感知或回忆。长此以往，拖延行为就会被巩固（或被激发、强化），因为面对负面的想法或感受时，拖延能给你带来短暂的喘息之机。这也就是自我破坏循环的讽刺之处：你自以为避免了某个潜在的负面结果，但因为直接逃避了手头的任务，你在未来肯定会遭遇同样的负面结果。你逃避得越多，在这个循环里就陷得越深！

前因可能是任何外部或内部的触发因素，它会引起习得行为和日常行为，知道这一点可以帮助你进行干预，降低它让你偏离预期行为的能力。即使这些行为是无意识出现、被自动触发的，但是如果你能停下来好好审视一番自己即将放弃的行为，那么自我破坏就可以避免。在以特定方式行动之前检查发生了什么，你就可以通过提前增加或者减少某个前因来相应提高或降低某个行为出现的频率。最简单的解决方法就是删除所有前因，这样它们就不会触发有问题的行为。我们再用这个在电影院购买爆米花的情景来解释一下。一旦你察觉到了这些近端前因（视觉暗示是爆米花小卖部，嗅觉暗示是黄油的香气），你就可以从侧门进入电影院，避免路过卖爆米花的小卖部。这样你就不会看见或者闻到任何诱惑，更不会被触发购买行为。

但是类似于负面感受以及工作中的负面评价这类前因更难处理，因为你不能改变过去发生的事。即使是这样，你仍然可以改变自己对这些事件的反应。制订计划来确定你需要采取怎样的行动解决不同的远端前因，这样可以帮助你厘清不同的行动路径，它们会产生不同的结果——当你面对那些自己不能直接控制或避免的前因时，这个方法非常有用。

为了让你提前做好准备，这里有一个练习，可以告诉你如何识别和区分过去或现在影响你行为的因素。了解前因具体有哪些，有助于你避开自我破坏，构建新的行事方式。

-------------------------------- 练 习 --------------------------------

刺激控制下的两种行为

在本章的开始我们曾经讨论过，大部分 ABC 流程很有效，带来好的结果。了解刺激控制如何运作以带来有益行为有利于我们判断哪些有问题的行为由刺激控制支配。请在下表中填入日常生活中比较简单且能带来有益结果的行为（比如保持高效、好好收拾自己的屋子和办公室、有良好的卫生习惯）。回想一下在刺激控制（某个会导致特定行为的特定前因）下做出的日常行为，然后判断它们是远端前因还是近端前因。你可以把下面这张表誊到笔记本上。

前因	远端 / 近端	期望的行为

我让珍妮回想一下自己生活中受刺激控制支配的日常行为，然后尝试分辨属于近端前因还是远端前因，她识别出了一系列活动，大多是日常性和近似日常性的活动，这些活动受刺激控制，而且在自己做出期望行为之前就已经出现，其中兼有近端前因和远端前因。下面是珍妮完成的表格。

前因	远端 / 近端	期望的行为
早上闹钟响起	近端	迅速起床
垃圾桶已经满到快装不下了	近端	出门丢垃圾
户外长跑后满身大汗	近端	冲个澡
前一天晚上吃了顿大餐	远端	第二天早上延长锻炼时间
早上听到朋友说自己看起来很漂亮	远端	当晚的聚会偷偷靠近自己的心仪对象
同事称赞了我上个星期的工作成果	远端	提前完成了本周的工作任务

当你体会到刺激和行为之间的联系后，回想一下曾带来不希望出现的结果的受刺激控制的行为，你可以把下面这张表誊到笔记本上。

前因	远端 / 近端	不希望出现的行为

当我让珍妮反思不希望出现的拖延性行为时，她给了我一套所有重度拖延症患者都会采用的说辞：

"我知道拖延很不好，但是有时候适当的压力会提高我的工作效率，我需要这种紧迫感来帮助自己高效完成工作。"

是不是听起来很熟悉？最开始压力会让你非常激动，如果你沉着面对挑战，排除困难，按时完成项目，它会转变成一股成就感，对此珍妮表示同意——尤其是当没有人知道珍妮是在截止日期前最后一刻才完成自己的工作任务的时候。但现实却是，珍妮最开始顶着巨大的压力，觉得自己如同超级英雄般完成任务的同时，对自己的工作质量却没那么有信心。因为显然拖延症不可能提高她的工作质量。拖延的代价其实远不止影响工作，它还损害了她的人际关系（面临日渐迫近的截止日期，她不得不取消和朋友及男朋友的各

项安排），以及改变睡眠习惯（她每周至少要熬一个通宵来完成工作
项目）。

开始填写这个表格的时候，珍妮发现自己总是在为按时完成工作设障碍。有些事让人更具拖延性，它们都使珍妮不能按时做好工作，这最终又导致她在整个工作中的自我破坏。

前因	远端 / 近端	不希望出现的行为
到家后发现洗碗槽里还有脏盘子	近端	开始洗碗（而不是去准备工作报告）
当天早些时候觉得自己今晚没办法完成整个工作报告	远端	直接放弃准备（因为觉得自己既然都做不完了，就没必要做了）
晚饭后坐在沙发上（心想，我在这里工作肯定会更舒服）	远端	最终躺了下来，停下了手里的工作（因为坐在沙发上反而让自己更疲惫）
心想，这简直太难了	近端	去做一些很简单但与工作完全无关的事（比如收拾书桌抽屉）
休息一下，看一集我最爱的电视剧	近端	沉迷追剧，一下子看了好几集（结果整个晚上都没有工作）
感觉工作很无聊	近端	做一些更有趣的事（比如给朋友打电话、网上购物），结果更不想工作了

诸如打扫房间、刷碗或预付非紧急开支在内的这些行为本身并不是自我破坏（这和之前步骤中所讨论的不一样，彼时我们提到过，艾丽丝一遍遍地给男朋友打电话，是因为他没有及时回复自己的信息），但是如果珍妮在做这些事情的同时，手头有更重要、更紧急的任务需要完成，而且这些事情占据了她本该专注在工作上的宝贵时间、精力和体力，那么这就是典型的自我破坏，因为它阻碍了珍妮去完成自己的工作。

现在轮到你了，你的哪些自我破坏行为是在刺激控制下进行的呢？回想一下自己有没有这种行为：最开始看起来没有什么危害，

从某种意义上来说甚至有所帮助，但是如果结合自己的主要目标来考虑，它们却在占用你实现目标所需要的宝贵时间和精力。这也能够解释这类行为为何会持续一段时间。它们并不完全是消极的，你甚至能说服自己这些行为的出发点是好的（有些时候确实是，只不过并不是你买这本书的出发点）。现在你应该已经知道了何为前因，前因又是怎么影响我们的行为的。接下来我们再来看看 ABC 流程中的行为部分。

B 代表行为

大部分情况下，行为是与生俱来的、天生的——除非某人"品行不端"，否则我们很少会去思考自己做出某种行为背后的原因。如果你曾经注意过自我破坏，那你应该发现自己的有些行为对想完成的目标起了反作用。为了能够更好地理解自我破坏背后的运行逻辑，我们需要更深入地了解何谓行为。在专业术语中，行为被定义为人类可以采取的一系列行动，它涉及时空层面的移动，[5] 但行为同样可以被描述为人们所说或所做的内容。[6] 在 ABC 流程模型内，行为则是你试图改变的因素——要么出于让自己实现目标的目的提高其发生率，要么由于减少其产生的无益结果的目的而降低其发生率。

行为可以帮助我们从身边的客观环境、其他人以及各种社会情景中获得自己需要的东西，确保我们能够生存和发展。我们行动时，外界的社会环境会产生回应。你与其他人、动物或客观物体的互动交流可以帮助你获得包括食物在内的各种资源，或者发展出良好的人际关系使自己更好地活下去。我们通常认为个体的行为来自两个因素的共同作用：知识和动力。换言之，对于你想做的事情，你必须掌握相应的技能，以及具有想要将其完成的动力。打个比方，如果你饿了，你必须有获取食物的能力以及采取行动的动力。

理解行为的特点很有帮助，因为你越了解行为的运作方式，就越能分辨阻碍自己的行为，以及帮助自己阻止自我破坏的行为。

行为必有目的。从人的整体规划上来看，行为会帮助我们趋利避害。帮助你从想法、消极情绪或者感受（例如焦虑、身体紧绷）中解脱出来的行为，以及可以给我们带来特定程度上的快感（例如食物和性）的行为重复出现的可能性很高。这也解释了为何有些人会暴饮暴食！因为纵情纵欲所带来的快感可以缓解包括焦虑在内的众多负面情绪。

行为影响环境。行为会导致外界环境的改变，或对其产生影响，外界环境包括客观或物质世界。比如推动购物车的行为会使它移动到商店内任何一个你想让其到达的位置。行为同样会影响社交世界。比如，如果你向自己的朋友招手示意，他们也会向你招手，或是采用其他的问候方式。所以行为是因果系统（cause-and-effect system）的一部分。它们不会凭空存在，而且每个行为必将产生某种反应。

行为是可观测的。和潜藏在我们心灵深处且无法被肉眼捕捉的想法不同，我们做出的行为或活动可以被同时在场的他人看到。行为并非只是我们所思所感，它同样是我们感受和想法的表达。比如当小孩生气的时候会大发脾气，这样的宣泄就是他们情绪的一种可观测表现。艾丽丝频繁地给男朋友发短信，这就是她对两人关系焦虑和不安的体现。

行为是可量化的。行为可以被看见，因为它们是实体动作，但它们同样会被行为的发出者或者目击者留意和记忆。比如，贝丝记得很清楚，这周她去了四次便利店去买自己最爱吃的饼干。这周她的压力比上个星期要大，因为上周她只去了一次。

行为是习得性的。行为并非自动发生的，尽管看起来如此！随着时间的推移，我们都会形成自己特定的行为模式来与周围的人和环境互动。比如内在观念就来源于某种学习经历，可能是通过观察身边人的信仰、态度或行为习得，也可能直接来源于自己的亲身经历。杰克并不是天生就有非黑即白的思维方式和完美主义倾向，通过观察父亲的行为方式，尤其是当他没能完成父亲的期望时，他父亲对他的种种评价，他习得了这些特质。随着时间的推移，杰克形成了具有完美主义倾向的行为方式，希望以此获得父亲的认可（抱有此种幻想）。由于行为是习得性的，我们同样可以去抛弃那些于己无益的行为。对于何种行为应该被保留，何种行为应该被抛弃，我们可以做出自己的选择。

行为可以被类推扩大。如果在某个情境中，在某个特定环境里，与某个人在一起时，某个行为被强化，那在之后该行为可能会被个体类推或转移到其他情景、环境以及与人的互动中。就好像该个体在测试同样的行为能否在不同的背景条件下取得同样的效果。其中一个例子是一个男士在约会的时候帮自己的女伴拉出餐椅。他的这个有益行为得到了正强化，所以之后他会去为自己的亲人、朋友以及同事拉餐椅——所有这些对他体贴周到的行为又起到了正强化作用。还有一个例子，杰克最终把自己的完美主义倾向扩大到生活的其他方面，包括与自己母亲、老师、同事、上司之间的人际互动。整个泛化过程还出现了一些变化，他开始慢慢对他人产生了完美主义的期待，比如自己未来的伴侣。虽然杰克的完美主义倾向总会在生活中造成一些自我破坏问题，但还是常常被来自他人的赞许、认同和口头上的恭维强化。这种强化反过来会进一步巩固该行为，使其在之后被重复的可能性提高，甚至会出现在更多不同的场合。

可能会出现适应不良性行为。虽然在漫长的过程中，那些对我们有益的行为会不断地被强化（例如保持卫生、定期锻炼、健康饮食），但有些重复性行为却可能会导致问题。每当发生这种情况，我们都会感受到不同程度上的认知失调（见步骤1），这种心理不适感会让我们持续产生不适，直到将问题解决。方法可以是说服自己该行为的出发点是好的，也可以改变自己的行为使其符合自己的最大利益。这就是发生在贝丝身上的情况，她知道暴食是个大问题，它是适应不良性行为，只会让自己离保持健康体重的目标越来越远。它也在持续造成认知失调：她觉得自己的健康情况正在失去控制，而这与她的愿景并不相符，因为在设想中，她是一个一旦定下目标就能够高效完成的人。贝丝发现自己开始找各种借口消除内心的不适感——内心有个声音告诉她，放开吃没关系，这是庆祝自己同事晋升的聚会，这是自己父亲的生日，自己在度假，或者现在是周末等。

————

因为你需要改变自己的行为来阻止自我破坏，所以理解行为为何是 ABC 流程中的转折点就显得至关重要。虽然前因会影响你的行为，但你可以选择自己的行动，从而对结果施加控制。

C 代表结果

前因推动我们的行为，行为又会产生结果。我们常常说"自食其果"，但"结果"是一个中性词，有两种意义。前因和行为的影响力巨大，结果的作用则比较特殊，因为它可以决定是保持还是停止目标行为。换言之，行为必然产生结果，结果可积极可消极。比如你对某人示以微笑（你的行为），对方也对你微笑（结果）。

结果同样会强化你的行为。如果某个行为的结果是激励性的，那么你很可能会重复该行为。这种行为和结果之间的反馈回路会驱使你重复那些会带来奖励的行为，同时减少那些无甚益处的行为。

强化过程

如果某个行为能够给人带来积极有益的结果，那么该行为就会得到强化，未来复现的可能性也会提高。[7]能够强化并提高某个行为未来复现可能性的事或物品被称为强化物。所以当你从路上收到一个陌生人回报的微笑时，它就成了一个强化物，它会驱使你下次遇到另一个陌生人时继续示以微笑（行为），因为你希望从对方那里收到同样的微笑。然而，如果你向对方微笑示意，对方却并没有理会你，那么下一次你面对迎面而来的陌生人时可能就不会微笑了，因为你不想再经历同样的事。而如果对方不仅没有回以微笑，反而皱了下眉头，那你下次就更不可能这样做了。这就是一个行为消退的例子，当某个行为缺乏积极结果带来的强化时，它自然就不会再次出现了。[8]

强化过程分为正强化和负强化两种，二者都会引起特定行为的增加或重复，因为该行为的结果是人们想要的。

1. 正强化是指伴随正强化物产生的行为。这类强化通常会增加能让施动者感到愉悦、有益、有价值的事物，这常常也是一个人最开始想要实现目标的动力，还会提高某一行为的出现和复现频率。比如，在健身（行为）之后你会很满意（正强化物），所以为了在未来继续体会到这种积极的情绪，你继续坚持健身的可能性就会提高。

2. 负强化是指伴随负强化物产生的行为。这类强化通常会移除让人不适的刺激，比如让人不悦、痛苦、烦躁的事物，最终也会提高某一行为的出现和复现频率。[9]

比如，当你结束了一天的工作，疲惫地回到家中后，喝一杯酒（行为）可以驱散你这一天的阴霾（负强化物），那么以后当你觉得工作压力大时，你也会想去喝一杯酒，来帮助自己摆脱消极情绪。

诚然，这样的解释会让人稍微有些困惑，因为根据上面的解释，无论是正强化还是负强化都会提高某一特定行为的复现频率，这是因为在这两种强化过程场景中做出的行为都产生了对施动者有益的直接结果。你的行动是获得更多让自己愉快的强化物（正强化），或者是规避自己讨厌的强化物（负强化）。这两者最关键的区别就在于通过采取行动，你得到的结果不同。在正强化中，你得到了你想要的东西，在负强化中，你规避了自己不想要的东西。

关注负强化

正强化常常更易理解。所以接下来我会详细介绍负强化，因为它在自我破坏中扮演着至关重要的角色。虽然某些行为产生的结局或结果乍看之下缺乏激励性，但这些结果却可以鼓励该行为，因为它可以帮助你去规避（或减少）某些令人不适的东西，[10] 从而使这个行为循环复现。换言之，如果某个行为能够减少令人不适的情景或事件，那么该行为会得到显著驱动和鼓励。[11] 如果你的所作所为能够帮助你逃离负面情景或感受（厌恶刺激），那么你就更有可能重复这个行为，这种规避行为也就自然而然地和避害冲动联系到了一起。现在你应该知道，正是由于我们避害的欲望超过了趋利的欲望，才会产生自我破坏。虽然短时间来看，这样的行为能给我们以喘息之机，但从长远角度来看对我们并没有好处。

在珍妮的案例中，她拖延是为了逃避对自己工作成果质量而产生的焦虑，因为她最近刚刚收到了上司给出的次佳绩效考核。童年艰难的学习经历一直困扰着珍妮，每当她受到批评，彼时的回忆就会浮上心头，而且尽管随着年岁渐长，她已经越来越优秀，但她还是有深深的不安，觉得自己会再次跌倒。为了尽可能长久地避免面对这样的负面感受，珍妮选择在工作上逃避。

有时候，正如戴安娜·泰斯（Dianne Tice）博士和艾伦·布拉茨勒夫斯基（Ellen Bratslavsky）在她们的研究报告中所指出的那样，我们想"屈服于良好的感觉"。[12] 比如，拖延症患者常常逃避自己分内的任务，因为这些任务让他们感到有压力、焦虑、不安，而拖延任务会暂时让他们振作起来，所以算得上调整心情（暂时）的一种方法。然而拖延工作，问题只会慢慢积累，到最后你还是不得不面对这些负面情绪，以及没能完成分内任务的结果，这可能导致你因工作表现受到批评，失去升职机会，甚至可能丢掉饭碗。如果你了解自己的行为模式及其复现机制（尤其当你是和珍妮一样的拖延症患者时），你就会更清楚应该从哪些方面进行干预制止。

尽管长期来看这类行为很可能导致更多麻烦，但是通过帮助我们逃离负面的想法、感受、事件及互动，它们却可以在短期内让我们受到激励。我们通常更容易被立即发生在眼前的事情打动，特别是当我们心情低沉时。我们希望尽快逃离或规避这种负面的情绪刺激，使情绪回到平衡状态。

如果你能够这样看待问题，就能够理解珍妮的行为了。我们处于受胁迫状态时，很难事先考虑到我们害怕的事情或我们试图逃避的情绪可能会有所缓解（所有的感受都是暂时的状态，会随着时间的推移而起伏），或者自己害怕的东西可能永远都不会发生。相反，我们想尽一切办法来逃避那些让自己感觉不适的东西，那么这些行为最终很有可能导致自我破坏。

接下来是另外一个关于负强化如何帮助一个人逃离消极刺激的例子。假设威廉想要结识一些新朋友，但他出席某些社交场合时会觉得有些许紧张，因为在场的很多人他都不认识。威廉受邀去参加一个聚会，而在所有的宾客中他只认识聚会主办人。在这种情况下，受邀参加聚会就成了前因，受邀参加让他产生了焦虑的感受（厌恶刺激），所以他决定不参加（行为），然后立即感觉自己从与陌生人互动的焦虑中恢复了过来。负强化过程在这里之所以能够生效，是因为随着时间的推移，威廉会做出更多类似的决定，拒绝出席这类熟人很少的聚会，因为只要自己做出不去参加聚会的决定，心中的焦虑立刻就会烟消云散。做出"不去聚会"的决定可以让威廉逃离自己正在经历的心理不适感，这也就提高了该行为（不去参加聚会）的复现概率。但是从长期来看，拒绝参加各种社交活动显然不利于威廉结交新朋友，而这却正是威廉声称自己想要的！

这种行为方式最终会导致自证预言。威廉拒绝了聚会邀请，因为他觉得自己不善于与人打交道，但是如果他不去聚会，就不能得到与人打交道的经验，也就不会经历一些积极的人际互动，更不会从中得到激励（或者得到一些自信心）。他最终回到了自己最害怕的状态——孑然一身，没有支持自己的朋友们所组成的社交圈。

而在另外一个情境中，负强化也可以阻止厌恶刺激。假设彼得最近身材走样了。当几个朋友邀请他周末一起去打篮球的时候（前因），他就想象打球期间一定很尴尬，因为他球技不太好。在这个案例中，甚至在真正经历这种厌恶刺激（即觉得尴尬）前，他就已经在害怕未来会觉得尴尬。为了避免对未来产生尴尬的猜想成为现实，他找了个借口不去（行为），这样厌恶刺激就不会发生。

-------------------------------------- 练 习 --------------------------------------

明确你的正强化物和厌恶刺激

如果某个自我破坏行为反复出现，常常意味着它既能带来正强化物，又能有助于规避厌恶刺激。那这些行为成为一套固定的模式也就不足为奇了！

现在抽出点时间回想下你偶尔做的一些希望出现的行为。是否存在特定的情境，会触发此类不希望出现的行为呢？前面你做过的一些练习（关注 ET×ET、记录想法，以及记录想法扩展练习）可以帮你识别那些触发自己不必要或低效能行为的具体情景。在描述此类场景时，请务必详尽。然后请描述该行为产生了何种强化刺激。

并非每个不希望出现的行为都会伴随两种强化物，但我确定你的有些行为会出现这两种结果。你可以把下面的表格誊到笔记本上。

不希望出现的行为：_____

情景和行为	正强化物 （正强化）	厌恶刺激 （负强化）

珍妮很快就列出了自己的清单。她知道自己会拖延，但很多时候拖延并不是个体的主观选择（比如她不会说，"我要收拾衣橱，先不去准备工作报告"）。相对来说，导致拖延的行为或活动一般是良性的，甚至在其他的具体情境下可被认为是有益的，比如支付账单。珍妮说："休息期间我会看看网飞（Netflix），但是一看就停不下来，常常一看就是一两个小时。"我打开电视不是为了逃避工作，只不过是为了在正式工作之前让自己休息一下。但现在我发现，每次我想尝试通过看电视来放松，最后都会适得其反，影响了工作安排。

当珍妮填写完这个表格后，内容如下所示。

不希望出现的行为：拖延症

情景和行为	正强化物	逃避厌恶刺激
看网飞，不去工作	提升情绪（提升幸福感和愉悦感）	缓解了工作压力所带来的无聊和焦虑
列出待办事项清单，不去工作	我觉得自己现在做的事情是有意义的，这让我自我感觉良好	可以晚点再做无聊的工作
和朋友出门聚会，不去工作	我很愉快，和朋友们的关系更紧密了，这同样非常重要	缓解焦虑，放松精神

所以很明显，尽管珍妮的行为在短时间内帮她缓解了负面感受，但这些行为同样误导她偏离了自己应该做的事，而最终会导致她工作中的自我破坏。逃避负面感受从短期来看确实有益，但从长期来看却百害而无一利。

在前面的步骤中，你的那些感受和想法触发因素所带来的行为是很明显的自我破坏。但是根据这一步中的几个例子来判断，你会发现自我破坏可能以更加难以察觉的方式存在。接下来的这个练习就可以帮助你梳理自己的想法，理解为什么自己的行为在减少负面感受的同时（从当下来看确实很棒），在长远角度上看却阻碍了自己实现目标。

哪种强化物更有效

负强化的影响力非常大，因为它会帮助你逃离（当下）或规避（未来）所有令自己感到不适、恼怒、受伤的经历。哪种强化物产生的影响比其他强化物更大，取决于多种因素，例如过去发生的事件，人的气质、个性或偏好。除了个人的性格特点，还存在三个主要的影响因素，这三个因素会在很大程度上影响某个强化物提高你行为复现概率的效果。[13]

即时性。它是指行为发生和产生强化性结果之间的间隔时间，间隔越短，强化效果越强。比如你的孩子打扫完自己的房间（行为），如果他刚从房间出来就受到你的称赞，"干得好"（结果），那么相比于几天之后你再表扬他的情况，他今后继续主动打扫房间的可能性会更高。因为在行为和结果 / 强化刺激之间的时间间隔太长，孩子就不能把自己的行为同正强化过程联系起来，那么他也就不会出于从父母那里得到赞扬的目的重复打扫自己的房间的行为。

条件性。它是指行为和结果之间的关系，结果取决于行为的发生。比如你把垃圾回收桶放在家门口的路边，之后垃圾被回收处理了。垃圾被回收处理了（结果），是你把垃圾回收桶放在家门口的路边（行为）的直接结果。如果只放在门外或者只放在家里，都起不到回收垃圾的作用。这个例子说明，如果你想得到一个特定的结果，就必须按照能够得到这个结果的方式采取行动。没有实际行动，这世上任何宏大的理想都不会变成现实。

动机操作（motivating operations）。它是指某些事件或变量（通常是某类前因）可以在不同时间产生或多或少的强化结果。比如，在 12 个小时的断食（远端前因）之后，你吃了一个苹果（行为），吃下的那一瞬间，你会觉得苹果无比美味（结果）。所以你告诉自己："苹果这么好吃，我应该多吃苹果！"第二天，在吃完一顿大餐（近端前因）之后，你又吃了一个苹果（行为），却觉得味道平平（结果）。在这个案例中，相比于 30 分钟前自己刚刚吃完一顿大餐（近端前因），你在 12 个小时没有进食后（远端前因）再吃一个苹果会带来更强的强化刺激效果。这是一个很经典的案例，解释了匮乏和丰足条件下的动机操作如何影响食物能给人带来的激励性[14]（我们饥饿的时候就会觉得食物非常好吃）。

———

现在你已经了解了自己的 ABC 流程——前因为行为的发生提供了机会，然后行为产生结果。涉及强化物时，流程中的每个环节会相互作用。动机操作还会对你的 ABC 流程产生其他影响，比如强化物的激励程度，[15] 或者是否需要在某个特定的时间、特定的场合触发某个行动。[16]

详述动机操作

动机操作是一种特殊的前因，它可以暂时改变某个强化物的有效程度。[17] 动机操作可以被进一步拆分为建立型操作（establishing operation）和消除型操作（abolishing operation）。建立型操作指的是能够提高特定强化物当前价值的前因，消除型操作指的是能够通过降低特定强化物的价值，而使得某类行为不再发生的前因。回到吃苹果的例子，你饥饿的时候（建立型操作）吃苹果会更有激励性，但如果你刚吃完大餐（消除型操作），情况就不一样了。

当建立型操作增加了刺激的负面影响时，逃避该刺激的行为更有可能被强化。同样，如果消除型操作减少了对刺激的厌恶，那么逃避该刺激的行为就不会被强化。

对珍妮来说，确实存在着影响她某一天拖延症发作的可能性的特定前因。具体来说，当她的认知和情绪已经非常疲惫的时候，类似于拖延工作报告（不去工作而是去做其他的事），以及暂时逃避焦虑感受的行为会非常容易被触发。下面是能够使珍妮出现认知和情绪疲惫的事。

1. 工作了一整天

2. 已存在的负面感受（比如羞愧）

3. 非黑即白的思维方式（比如觉得自己当晚必须完成工作报告，否则就是个失败者。这样的想法来源于她的内在观念：由于儿时常常受各种学习上的问题所困扰，所以她并不是一个有能力的人。）

4. 前一天晚上没有睡好觉

5. 晚上和男朋友吵了一架

这些建立型操作使珍妮更有可能减少让她觉得缺乏信心的行为，这在当时是有益的。她的难受感越强烈，就越会去采取行动寻求慰藉，但这种行为最终会让她离自己的目标越来越远。

为了理解消除型操作，我要求珍妮回忆她面对拖延的诱惑而最终没有屈服的时刻。这里我们想要弄明白的是，什么样的情境会给珍妮带来更少的压力，可以让她做出更优质的决定，避免拖延——可能是当时的情境，也可能是一天前发生过的某件事。

珍妮发现当以下这些消除型操作，也就是那些能让她坚持目标的行为或情境出现时，她拖延的概率会降低。

1. 前一天晚上提前列好了待办清单

2. 已存在的积极感受

3. 当天早上进行了锻炼

4. 来自自己导师的口头鼓励

5. 工作时饱腹感适中（饱腹感过强会导致疲惫）

她发现了自己特有的建立型操作和消除型操作之后，就能够制订计划去避免那些强化自己拖延行为的建立型操作，比如养成良好的睡眠习惯，合理规划自己的工作时间，确保即使在高压时段，她的日均工作时间仍需限制在 12 个小时以内；还要确保消除型操作（例如请教自己的公司前辈，帮助规划自己工作项目截止前的最后期限）在她即将着手一项长周期性项目时，能充分发挥其作用。长此以往，她就可以减少自己的拖延频率，开始在保证质量的情况下如期交付项目成果，不用再给自己施加过多压力。

ABC 流程中的基本原则

到目前为止的学习中，我们已经了解了很多专业术语。我们还需要了解三条非常根本的原则，这三条原则主要针对 ABC 流程中的行为。

- 某个特定前因出现与否，会影响特定行为发生可能性的高低。比如，如果珍妮已经进行了锻炼，那她就更可能去工作而非拖延。
- 如果某个行为能够产生强化刺激性结果（无论能够带来积极结果，还是规避消极结果），那么该行为就会被强化，更可能被重复。比如，如果拒绝参加非熟人聚会能缓解你的社交恐惧，那么你很可能继续同样的行为。

● 如果某个行为不能产生强化刺激性结果，那它发生的可能性会降低。打个比方，如果你一直为家里人做饭，他们也一直对你的厨艺赞不绝口，但是他们最近的回应非常冷淡，那么相比于之前，今后你主动做饭的次数就会降低。

了解 ABC 流程中的基本原则可以帮助你理解自己行为背后的运行机制，以及前因后果之间的关联。当你能够准确地识别某个特定的行为之前发生了什么（前因），以及该行为出现之后发生了什么（结果），就能清楚地看到自己某类重复性行为背后的驱动力。如果是一个你不想重复的行为，比如自我破坏行为，那么了解前因如何以特定的方式触发了该行为，就可以告诉你该如何打破其中的联系。反过来说，这也可以帮助你理解何种行为会产出有益的结果，以此提高未来同类行为的复现概率。[18]

恐惧因素

在 ABC 流程中，恐惧是一个非常强大的影响因素，[19]它会抑制你实现目标的行为表现。对变化以及未知的恐惧会让你更多地关注如何避害，而非考虑如何趋利。恐惧会让你高估潜在的威胁和风险，而这又会阻碍你前进的势头。虽然你想保持自己的身材，但不愿意去健身房报名参加新的健身课程，因为你担心跟不上其他学员的进度。

　　本章介绍了大量有关负强化的内容，因为有时候，避免恐惧、痛苦、焦虑、压力和其他负面情绪比追求你长期想要的东西更重要（也更具奖励性）。长此以往，如果规避让你感到不舒服的情绪的行为得到了强化，你面对同样的情景时，就更有可能继续做出相同的行为。本质上，行为规律告诉我们，这种行为循环可以通过强化原则，让你离你最渴望的目标和梦想越来越远。接下来的练习会让你调整旧的 ABC 流程，从过去的低效流程转换为新的高效、实用、目标导向型流程，通过这种方式帮助你平衡自己的趋利欲和避害欲。

快速练习：写下我的 ABC 流程（10 分钟）

　　本练习能够帮助你快速识别自己现在 ABC 流程中的阻碍因素，然后想出至少一种方法把它从整个流程中剔除出去。首先，确定引起自我破坏的有问题的行为，然后在笔记上写下自己的 ABC 流程，确保整个流程清晰可见。之后思考多种方法对整个流程进行调整。你能对前因做出调整，避免其触发负面想法和强烈情感，从而避免你更容易出现自我破坏吗？或者，如果你现在不能直接调整这些前因，那么能否采取另一种行动？特别是如果你发现这些前因包括某种强烈的消极情绪，常常让自己将避害置于趋利之上，那么此时相反的行动（页码）会很有用。把新的 ABC 流程清晰地记录下来，之后当你感觉受阻时，可以把它当作现成的参考资料，它也可以提示你向更加积极的方向前进。

珍妮完成了这个练习，并按要求调整了行为流程，使自己以后能够按时且保质保量地完成工作任务。下表的记录也帮助她看到随着自己的行为发生改变，结果也发生了变化，更有助于她实现目标。

我的旧 ABC 流程

前因	行为	结果
感到担忧和焦虑，不确定自己的工作报告能否受大家的欢迎	看电视剧来缓解内心的担忧和焦虑	担忧和焦虑感得到缓解，但是花费了太多时间，而且因为太晚而没办法将工作做到最好，但自己其实有能力做到

我的新 ABC 流程

前因	行为	结果
感到担忧和焦虑，不确定自己的工作报告能否受大家的欢迎	虽然现在非常想去看电视剧，但是我快速列出了待办清单，将整个工作分解成若干次级任务，然后立即着手准备	因为有了更充足的时间和指导来继续工作，工作进展显著

短期练习：评估你的动机操作（接下来的 24 小时）

本练习能够帮助你评估想要进行调整的行为背后的建立型操作和消除型操作。首先请把前一个快速练习中"我的旧 ABC 流程"誊到你笔记本上新的一页。

● 停止自我破坏
  Stop Self-Sabotage

在接下来的 24 小时中，记录会对行为结果产生影响的前因，这类前因会提高或减少特定时刻下行为结果对你的吸引力。请记住，这些前因按以下类别归类：环境、事件、时间/地点、人物、事物、记忆、感受，以及想法。之前你做过的一些练习会帮助你识别代表着问题性前因的特定事件和情境。在对应的框中做记号，判断是建立型操作还是消除型操作。这样做可以帮助你判断哪些前因会触发自我破坏行为，有助于你集中精力重构自己的ABC 流程，找出其中亟待解决的问题。

珍妮刚开始进行练习的时候表现得非常抗拒，因为她真的非常、非常想拖延这个练习！珍妮觉得它太难了，而且她对所有问题的第一反应都是"我不知道"。珍妮想通过逃避做练习来消除自己内心的不安感，但这样无助于她发现那些阻碍她，让她产生拖延的行为。她深吸一口气，按照类别一个接一个完成，最终列出了下页的表格，该表格可以帮助她在长期练习中设计自己下一步的行为变化。

本练习可以帮助她认识到能够在哪些方面控制自己的建立型操作和消除型操作。她并不完全受这些因素的控制，而且尽管她不能把它们完全消除，比如她不能回到过去，改变自己的次佳绩效考核，但她可以调整自己的反应机制，以及对这些经历做出的行为反应。

完成这张表帮她了解到自己应该从哪些方面进行干预，以降低她为了获得负强化而做出非实用性行为的可能性。她可以把这里新学到的知识很好地应用到后续的长期练习中。

我的旧 ABC 流程

前因	行为	结果
感到担忧和焦虑，不确定自己的工作报告能否受大家的欢迎	看电视剧来缓解内心的担忧和焦虑	缓解了自己的担忧和焦虑

我的建立型操作和消除型操作

前因	更具激励性的结果（建立型操作）	缺乏激励性的结果（消除型操作）
环境 / 地点 / 位置		
● 在家（有很多让我分心的东西）	×	
● 在咖啡店（并试着在此工作）		×
人物（出现 / 缺席、他们的行为）		
● 上司批评了之前的工作	×	
● 和同事一起工作		×
日常生活方式（睡眠、锻炼、饮食）		
● 缺乏睡眠	×	
● 早起晨跑五千米		×
感官输入（嗅觉、触觉、视觉、听觉、味觉）		
无		
感受（情感、生理反应、感觉）		
● 感到生理上的紧张和兴奋	×	
● 感觉最近一顿饭吃得太饱	×	
● 感觉不太饿或者太饱		×
想法（包括自我破坏触发因素）		
● 我永远不能按时完成工作，而且这样也没什么好处（以偏概全 / 小题大做）	×	
当日时间		
● 晚上很晚才开始做工作报告	×	
● 周末很早就开始做工作报告		×
客观 / 可观测事件（例如和恋人发生了口角、工作中受批评、被疏离）		
● 和恋人吵架	×	
● 和工作中的前辈进行深入沟通		×

长期练习：剥离建立型操作（之后的一个星期）

根据短期练习的内容，你已经记下了自己可能出现的建立型操作和消除型操作，是时候把你在练习中所学的内容付诸实践了。以理论武装自己，你可以开始尝试借助它们来塑造自己的行为，降低有问题的行为的发生概率。为此你需要尽可能多地移除或减少自己的消除型操作——如果你能够越快切断与行为绑定的动机操作，该行为复现的可能性也就越低。

此刻，你可能已经从短期练习中发现了多个建立型操作。但是在接下来的这个星期里，你要把注意力放在最主要的三个建立型操作上，尽可能消除它们。确定这些建立型操作并解决它们，将有助于你确定可能会在一周内出现的、触发性最强的前因。回顾一下刚刚的表格，在笔记本上另起一页，写下三个最主要的建立型操作。

现在请你思考一下，怎样在七天内减少或消除这些建立型操作。

在接下来的一个星期中，你要采取一切办法消除这些建立型操作，并观察自己的行为频率是否有所下降。对大部分人来说，最难消除的前因就是让人心情压抑的感受。而且一旦这种感受过于强烈，你就很难让情绪重新恢复平衡并阻止自我破坏式的冲动行为。为此，你可以回顾一下步骤2中的练习，包括情感具象化、相反的行动，以及提升积极情绪。如果你成功减少或消除了自己的建立型操作，却发现自己的行为没有任何变化，那么再看看自己的建立型操作和消除型操作表格，重新评估以确保所选的建立型操作确实能影响自己对结果的感知。

如果你不确定自己选择的建立型操作是否直接导致了自我破坏行为，方法之一是观察当这种前因出现时，你是否会产生强烈且突然的冲动，想去做一些非常低效能或者导致自己偏离目标的行为。如果某个建立型操作会让你产生厌烦情绪（比如最近你把曲奇从自己的饮食计划中剔除，却看到别人在自己的面前吃曲奇）但实际上并不会触发你的自我破坏行为（和他们一起吃曲奇），那么尽管从逻辑上来看它是主要的建立型操作，但实际上并不是。因为我们每个人都是不同的，所以一个触发了你亲戚或者朋友的建立型操作可能并不会引起你的自我破坏行为。因此，你需要花费一番功夫去提高意识，才能准确地判断出对自己影响最大的建立型操作。你在进行本练习时要多做尝试（如果你没有看到行为上的改变，看看总结表，再进行一番思考），观察该建立型操作是否让你有一种无法抑制的冲动去做低效的事，如果确实如此，那么你才有可能找对了。

建立型操作 #1	建立型操作 #2	建立型操作 #3
削减 / 消除方法	削减 / 消除方法	削减 / 消除方法

当珍妮识别出自己的建立型操作并想出应对之策后，她完成的表格如下所示。

建立型操作 #1 缺乏睡眠	建立型操作 #2 生理上感觉紧张和兴奋	建立型操作 #3 自我破坏触发因素：我永远都做不完……
削减 / 消除方法	削减 / 消除方法	削减 / 消除方法
晚上 11 点前睡觉	做 10 次深呼吸	检查证据
取消午睡（午睡后，晚上不会感到困倦，导致睡觉时间变短）	花 20 分钟绕着街道走一走（如果天黑了，做一节简短的瑜伽操）	故意找碴儿
睡前进行简短的冥想（促进睡眠）	闻薰衣草精油	与自己的想法保持距离

完成这个练习之后，你就得到了一份具体的行动计划，当你感觉自己处于自我破坏的边缘时，可以运用这份行动计划进行补救。当珍妮发现自己出现生理性的紧张和兴奋感时，她想起了自己的表格，并采取替代性行为。比如，周末当她吃完午饭后坐下来，开始整理第二天早上开会需要的议程和材料时，她发现自己很烦躁，极易分心，无法集中精力于手头的工作。她站起来吃了点零食，在网上买了点东西，和朋友打电话闲聊一番，清理了猫砂，擦了厨房案台，外出丢了一趟垃圾。两个小时之后，她打算放弃了，告诉自己现在实在没有精力继续工作。

她想起了那张表格，她把它拿出来又读了一遍，决定根据自己所写的内容，再去街道上走走。她抽出 20 分钟散步，在街上晃悠的时候，她还听了几首音乐。散步后，她觉得没那么焦虑了，能够重新恢复精力，坐在桌子前，准备第二天开会所需要的PPT。

接下来呢

现在你已经知道，相比其他前因，某些特定的前因更有可能触发你的自我破坏行为。它告诉你何时最容易受到自我破坏的干扰，提示你面对特定的情境、特定种类的压力事件，以及特定的想法和感受出现时要多加留意。你会发现当建立型操作出现时，你对它们的了解更多了，这些认识也会帮助你合理利用截至目前学到的大量技巧加以应对。只要有可能，就去削弱或消除你的诱发性前因，或者依据下一步中的内容，用直指目标的全新行为去替代旧的行为。

第
4
章

步骤 4

重置，而非重复

　　我们通过移除前因或削弱前因的影响来调整前因，这是上一章的主要内容。还记得珍妮吗？每当她觉得坐立不安（她的建立型操作）时，就会出门散散步，减少这种感受带来的负面影响，之后她就能平静下来，开始更加高效地工作。但很多时候你无法调整建立型操作，此时就要替换掉低效行为，从而实现目标。

　　每个人都有自己的习惯，大部分习惯没有什么危害，但少数会导致自我破坏。可能每周好几个晚上你都会吃鸡肉、意面和花椰菜，或者喜欢在打扫房间时播放《真爱至上》（*Love Actually*）。听起来很无聊吗？或许是的。但严格意义上来说，它们并不会产生任何问题。有些习惯则截然相反，尤其是那些让你陷入低效行为循环的习惯。它们是自我破坏的温床：就好比一只不断在滚轮上奔跑的仓鼠，重复同样的行为，却缺乏向前的动量。长此以往，你的自信心被逐步消磨殆尽，你会觉得没有能力战胜困难，实现目标。

如果想跳出低效行为循环，你在最开始就应该认识到，自己这样做没有任何价值。想要一劳永逸地破除旧的行为方式，不仅需要积极的行为意图，还要弄清问题发生时间和方式的主观意识。虽然你已经学习了大量解决问题的策略（比如前文中的多种心理学技巧），但并不能保证在最需要的时候，你会运用这些技巧。为了确保自己时刻牢记并正确地运用这些技巧，你需要提高自我调节能力。这种能力可以帮你抵挡住诱惑、冲动以及欲望，避免自己偏移正轨。

在本章中，你会了解到一个非常有效的心理学技巧，它由两部分构成——心理对照（mental contrasting）和执行意向（implementation intention），两者合称为 MCII，该心理学技巧能提高你的自我调节能力，从而帮助你用新的行动替代旧的有问题的行为，更好地实现生活中的目标。和步骤 3 不同，之前我们更多地关注调整、改变，或者在条件允许的情况下，移除会导致自我破坏行为的前因——换言之，我们专注于 ABC 流程中的 A 环节。在这一步中，我们会着手改变随着 ABC 流程的重复而自动做出的行为。想要达到这样的目的，我们需要一些心理学技巧的帮助，即使面对各类以不同形式出现的触发性前因，它仍然能够确保我们抑制自己的自动性行为。首先我们需要来看一看，为什么即使有大量积极意向（positive intention），你仍然会偏离目标。

积极意向的问题所在

有一套积极的思维方式就够了吗？显然不够。大多数人都会面临这样的问题：不能很好地依照积极意向去行动，实现预期结果。想法很好，但缺乏实践行动，这已经是一个老生常谈的问题了。研究表明，积极意向和高效行动之间并没有紧密联系，[1] 所以产生做某件事的意向并不意味着你一定会付出行动。大部分人多多少少都产生过这样的困扰。我们或许在心中埋藏着最迫切的目标，却无法持续地付诸行动。在实现目标的过程中，你的情绪或许会经历起伏，今天可能会因为实现了某个小目标而高兴，但第二天却为没能做出正确的行为决策而责备自己。

欲望 vs. 意向

欲望和意向都可以引导你实现目标，但它们是两个截然不同的概念。欲望是指你盼望的事物。这个东西可以是现实生活中的某个梦想，也可能是完全无法实现的目标。你对一件事物产生了欲望，并不意味着你已经决定为其采取行动。某种程度上来看，欲望和行动分别是道路的起点和终点，[2] 只有当你决定去实现自己的欲望时，才表明你已经在内心构建起为欲望付出行动的意向，并将坚定地实现目标。所以意向会更进一步将想法落实到行动，帮助你完善实现目标的计划，并最终付诸实践。

我的来访者丹尼非常了解这种感受，他清楚地知道自己想要什么，但是无法实现。近十年来他都在努力控制自己的饮食，最后还是长胖了 15 千克。他想减肥，但无法实现这个目标。其实丹尼一直在保持锻炼，每星期跑步三次，再额外加上两天的力量练习。这个习惯他坚持了很多年。但在改正饮食习惯方面，他却没能保持相同的自律水平，特别是他和朋友们外出聚餐时，或者忙了一天后独自在家吃饭时，又或者边吃零食边应对棘手的工作项目时，每当这些时候，他都无法控制自己的坏习惯。随着时间的推移，他的体重不断上涨，没有丝毫下降。

丹尼其实对自己的目标非常执着，你可能非常熟悉他用来帮助自己实现目标的小技巧。每年新年他都会把自己的意向写进新年计划里。除此之外，他尝试过多种饮食方案，还会在便利贴上写下各种激励自己的短句，贴在家里。他把自己变胖之前的照片打印出来，粘在厨房壁柜或者冰箱门上，以此鞭策自己。他告诉了朋友和家人自己的减肥目标。逛超市时只选购健康食品，在橱柜里塞满各种各样的坚果、能量棒以及无糖果脯。但年复一年，丹尼的体重还是老样子，他越来越沮丧，所以会吃更多零食来摆脱烦恼，这样就再度陷入了恶性循环。

丹尼的大部分行为都符合自己的意向，唯一的问题是他不能控制零食的摄入量。他一方面想减肥，另一方面又减不下去，丹尼感觉极其无助，这还导致了他的认知失调——我们也已经知道大脑对这种状态非常反感！他觉得自己可能永远不能瘦身成功了。随着减肥的目标渐渐变得遥不可及，他的饮食习惯越来越不健康。沉溺在大吃大喝中可以暂时缓解他的焦虑和压抑，但之后他很快又会陷入内疚和自责之中，因为他知道，这样的行为完全与自己对未来的目标相悖。

丹尼的情况告诉我们，无助感常常会导致个体的自我破坏。我曾听很多来访者说过这样的话："我就是控制不住自己"，或者"我缺乏意志力"。显然，这样的想法并不正确：我们在 ABC 流程中已经学习过，行为与结果之间存在着明确的联系。我们需要先了解这一系列事件，然后再去提高自我调节能力，这样就能给自己带来力量，克服情境和环境在前进道路上设下的种种障碍，最终成功实现自己的目标。自我调节的作用至关重要，它能帮助个体将心态从"我不能"调整到"一定能"。接下来我会进行详细解释。

自我调节

本质上，自我调节就是你按照自己的利益采取行动。心理学家阿尔伯特·班杜拉（Albert Bandura）博士曾说过，[3] 自我调节是我们通过它对自己的行为进行监测、判断和反应的积极过程。[4, 5, 6, 7, 8] 自我调节要求个体能够识别判断自己的想法和感受，从纷繁复杂的世事中辨明真相，并及时修正自己前进的方向。无论是处理我们的工作、学习、恋爱关系、心理健康，还是自身目标的实现，这一点都是成功的关键。实际上，自我调节是有目的性的行为的基础，[9] 也是催生改变的源泉，尤其是那些能够让你的行为更加符合个人标准（比如某个目标或者某种理想状态）的改变。[10] 这也是为什么在克服自我破坏的过程中，最重要的就是拥有强大的自我调节能力！

想要更好地管理自己的生活，自我调节能力至关重要，众多心理学家都在研究该如何发展、维持人的自我调节技能。心理学家罗伊·鲍迈斯特博士提出，优秀的自我调节取决于四个基本因素：

1. 我们对于"期望行为"的标准
2. 我们对触发与个人标准相悖行为的情境和想法的监测
3. 我们实现个人标准的动机
4. 我们（尤其是短期内）控制非期望行为冲动的意志力和内生力量 [11, 12]

对于实现良好的自我调节状态，上述的每个要素都很重要，但其中一个若有欠缺，也可以依靠其他三个来补足。这种情况和动机类似，因为对个体来说，如果个人的意志力被消耗殆尽，仍然可以依靠高水平的动机来保持良好的自我调节状态。

让我们从这四个影响因素逐一切入，来看看现阶段你掌握了多少自我调节技能。我们内心产生积极意向时，大脑就已经对有益行为和结果应有的状态设立了标准，这是符合第一个因素的，而且在你最开始选择阅读本书之前肯定就已经有了一两个目标。在前三步中你也已经学会了如何确认、检视并应对各种会触发你行为的情境、想法和感受，所以也具备第二个因素中的监测能力。那么你肯定符合前两个因素的要求。

接下来就剩下动机和意志力了。虽然人们在谈论目标的时候，经常将这两个词挂在嘴边，但大多数情况下却是抱怨："看到甜食的时候我就控制不住自己，所以节食对我没用""我当然想换一份工作，但是每天工作都很辛苦，我太累了，没有精力去关注空缺职位的信息"，或者"我感觉自己没有动力每周坚持去五次健身房"。其他时候，他们又会抱怨不知道该如何提高自己的动机和意志力。这两者似乎是难以捉摸的抽象概念，但它们显然对实现个体的目标来说很重要，这之间的冲突会让人非常烦躁。你是否也经历着上述的心理困扰呢？

在步骤1里我们曾经提到过个体的动机和意志力，现在让我们再回头看看这两个概念，对两者进行区分。动机通常是指个体推动自己去实现目标的内生力量。你可以把它看作一种激励力量，会激发个体立即去采取行动，[13] 它与我们选择去实现的目标，以及实现目标的方式有关。[14] 意志力则是指个体抵制短期诱惑，以及为了自己所追求的长远目标而延迟满足感的能力。所以动机会激励你前进，意志力则确保你不偏离正轨。在夏天的游泳季到来之前，你动力十足，想要减肥，那么意志力会阻止你伸手从罐子里拿饼干吃。研究表明，大部分人认为缺乏意志力是做出改变的最大障碍，但他们也保持乐观态度，认为这种技能可以通过练习来提高。[15]

我们对意志力的认识

我的很多来访者都曾抱怨自己缺乏足够的意志力来实现目

标，他们觉得自己很难抵制各种诱惑，并常常将其归咎于自己缺乏意志力。大家现在似乎普遍认为：除非你天生意志力充足，否则注定在那些对个体意志力水平要求较高的领域里一事无成。这两种想法其实都不正确，让我来告诉你真相：意志力是一种有限的资源，[16] 而且会因为过度使用而使人产生疲劳感。[17] 意志力水平会在多种情况下被耗尽，比如当你神经紧绷、疲惫不堪，[18] 或者面临太多选择和决策的时候。研究表明如果自控类任务占据了人的大量时间，会导致大脑内部葡萄糖浓度降低。[19] 这些都是意志力会被耗尽的客观证据。所以我们往往觉得在晚上更难以抵制诱惑。白天你可能在高级脑功能上消耗了大量意志力，所以晚上就是各种关于零食和线上购物的想法蠢蠢欲动的时候！

好消息是，意志力是可以培养、保持和加强的。本章中有很多练习可以帮助你。在下一章中，我们会对这个问题进行更加深入的研究和学习。

我们已经知道意志力与自我调节有关，所以我们需要调动全部的意志力，因为自我调节能力（包括意志力）与接下来的四个成功实现目标的基本任务有密切的联系。

1. 开始行动
2. 保持状态
3. 停止低效行动（并以新的行动替代）
4. 避免这个过程中的倦怠 [20]

很多文献都表明，意志力是一种会被耗尽的资源，所以人们在向自己目标努力的过程中偶尔会犯错。人们很难将意志力长期维持在较高水平，尤其是当他们越来越依赖用自我调节来到达目标实现过程中下一个增长期的时候，但意志力恰恰又是自我调节能力中的重要构成部分。整个过程类似于举重。为了能够举起更高的重量，我们必须调动全身的力量，调动所有肌肉。但是随着举重次数的增加，你的肌肉会开始感到疲惫，所以相比刚开始时饱满的练习状态，完成最后几组练习会变得非常困难。自我调节也是如此。在整个过程中你调动的自我调节肌肉越多，就越容易产生疲惫感，这种感受也越有可能爆发出来，然后你会告诉自己："我不想再做了！"这会导致你更加鲁莽、冲动，最终增加自我破坏的风险。

我们在步骤3讨论过，有些结果（尤其是消极刺激源）会产生强大的吸引力。比如，拖延症患者经常会逃避自己的任务，因为这些任务会让他们产生压力感，内心焦虑、烦躁。拖延任务可以暂时帮助他们提振情绪，所以是一种缓解压力、暂时放松的方式。但是很不幸，一旦出现了问题，这些所谓的好处就会不复存在，而且拖延工作最终导致的结果会给他们带来更大的压力，比如睡眠不足，或者被上司训斥。

但是，这种暂时脱离负面情绪的快感实在是太过强大，而且某些特定的情境，特别是那些在步骤3中被你判断为建立型操作的情境，会更容易引起个体的暂时性逃避行为（回顾一下你在155页"评估你的动机操作"，以及158页"剥离建立型操作"这两个练习中的回答）。当我们承受的压力快要超出临界点，自己的意志力又处于低点值时，我们会很容易屈服于所谓的良好感觉。比如，当我们和爱人大吵大闹之后，我们会变得敏感易怒、筋疲力尽，晚上睡不好觉，各种自我破坏触发因素困扰着我们；经历了一个必须在其他同事面前"保持团结"的、压力巨大的工作日，而这样的例子不胜枚举。

大部分人认为动机和意志力是天生的，但是我想告诉你，它们只是特定的技能，你只要稍微付出些努力，就可以提高并强化这些技能。实际上，心理对照和执行意向这套强大的组合正是解决这两个问题的针对性措施。心理对照可以帮助你为自己的目标建立强大的动机，执行意向则可以帮助你保持意志力（为实现长期目标而抵制短期诱惑的能力，尤其是当你处于某种压力之下的时候）。

心理对照

"心理对照"由心理学家加布里埃尔·厄廷根（Gabriele Oettingen）博士提出，[21] 心理对照通过列出你自己的目标，帮助你直接找出实现目标的阻碍。这一方法让你专注于实现目标后的生活状况，将其与你实现目标过程中可能遭遇的种种阻碍进行对比。乍看之下，这个方法很容易让人气馁，但在脑海中对眼前的障碍进行想象并不会打击你的情绪——实际上，它能够帮助你认清自己面对的问题。知道自己将要面对什么，是扫清前进障碍的开始。通过对自己感受以及生活状况的变化进行想象，它给我们提供了一个窗口，让我们可以看到目标实现后的美好，而这会进一步帮助你产生强大的动力，不惜一切代价去实现自己的目标。

实施心理对照其实比你想象的简单得多，因为我们有能力去构建绚丽多姿、天马行空的幻想。实际上，我们的愿望很多，真正有机会和时间去实现的却很少。[22] 并非所有的梦想和愿望（通常也被称为"自由幻想"）[23] 都能实现，我们也不会把它们都变为现实。打个比方，你看完一场盛大的太阳马戏团表演后，可能会幻想自己成为一名马戏团演员，这种想法并不会造成很大的认知负荷，因为当我们仔细考虑之后，会发现可行性并不高。同样，你会突然幻想成为一个空中飞人（吊秋千表演者），如果现实是你已经年过半百，而且从未接受过任何关于马戏团演员的练习，那么你很快就会发现这个目标不可能成功实现。

所以我们该如何区分幻想（无论能否实现）和真正想要实现的目标呢？通常来说，只有我们认为自己有概率成功时，才会把某种幻想定为自己的目标。认为自己有成功完成任务或者实现目标所需的条件，这被称作自我效能感，而且它与我们执着于目标的程度有密切的关系。对成功的期待程度越高，你也就越坚定。但越怀疑自己，自我破坏的可能性就会越大。你可能会听到内心出现这样的想法："这样做是何必呢？反正又没用。"在这种情况下，我希望你可以利用自己所学的知识去找出其背后的自我破坏触发因素（以偏概全 / 小题大做、非黑即白的思维方式、"理所应当"、消极看待问题、揣测人心，以及归己化），避免它们阻止你的进步，在你的心中播撒质疑的种子，同时你要转化这些触发因素，为己所用，提高自我效能感。心理对照会进一步刺激你主动思考理想未来与现实情况之间的差距。这个过程中产生的心理落差会使你出现认知失调（步骤 1 中讲过），在这种心理状态下，你会想尽快解决这种差异，因为认知失调带来的心理不适感非常烦人！所以心理对照会提升你的动机，让你尽可能高效地向目标前进。接下来我会解释这一技巧是如何运作的，它为何会如此有效，以及为何其他流行的心理学技巧在这里不能发挥出百分之百的效果。

连接未来成果和当前挑战

如果目标和现实之间缺乏联系，那么梦想必然难以实现。在确定了目标后，你可能会从下面这三种方法中任选一种来帮助自己实现目标。

1. 纵情畅想美好的未来
2. 如果期待中的结果没有实现，那么仍然专注于现实
3. 将你期望未来实现的目标结果，同现在自己的现实情况，以及实现目标过程中的各种阻碍进行心理对照

我认为这三种方法符合金发姑娘法则[⊖]——只用一种方法就刚刚好。在第一种方法中，你的内心充满了期待，却缺少行动。这也是大部分心理激励技巧所欠缺的地方，它们只关注勾画未来的美好愿景，却忽略了实现目标的整个过程。在第二种方法中，

⊖ Goldilocks Rule：出自美国传统童话故事，意指适度为宜，过犹不及。——译者注

你过于关注现实而忽略了未来，所以可能会导致自己情绪低落，停滞不前。第三种方法则将未来和现实完美地结合在了一起，研究表明这种结合会激发个体的目标认同感，而这种认同感能够构建和维持你的自我效能感。[24] 心理对照的可视化认知过程将你与能够实现目标的期待和信念联系在一起，而如果缺乏这种联系，你实现目标的可能性就会降低。[25] 这就能够解释为何丹尼在家里贴满了各种运动员的励志照片，但没有发挥任何作用。他希望能够减肥，保持健美的身材，但内心里他从来没有真正相信或期待自己可以达到任何一个运动员的状态。实际上，每天看到这些照片反而使他更加沮丧。这些照片在时刻提醒他与目标之间存在着巨大的差距，没有任何激励作用。

现在都在宣传积极思维，强调成功的关键就是不断进步并保持乐观向上的人生观。但是现有的研究表明，从根本上来看，幻想未来的美好结果，幻想自己能够轻易实现目标，并不会起到任何帮助，它们反而会阻碍个体去实现目标。显然，一味地表达渴望而不付出行动，会消耗个体用于制订实现这些目标计划的精力。大脑的运作方式非常有趣，你对未来美好结果的幻想会使大脑错误地认为已经实现了目标——那就没有任何采取行动的必要了。[26] 如果我们只是想想，我们的大脑就没有动力付诸实践。

但是如果你仅仅关注自己的现状，忽略了对未来的展望，就会陷入消极循环，总是想着现状同目标之间差距巨大，这样只会让你更无助、更悲伤、更焦虑、更烦躁。事实上，也有研究表明，如果你仅仅关注自己现在面临的障碍，那么和只对未来进行美好的幻想情况差不多，都不能帮助你产生强大的动力。过分纠结这类问题可能会引发抑郁症，而且你会开始以消极的眼光看待现在和未来。[27] 这种想法带来的困扰会进一步阻碍你实现未来的目标。所以如果你只关注硬币的某一面（一面是现在，一面是未来），就不会觉得一定要做出行动，也不会激起对未来成功的期待和信念，反而会没有实现目标的动力。

心理对照可以帮助你厘清自己对未来的期望以及当前面临的阻碍。就好比你在面前展开一幅地图，在上面你能看到自己现在的位置和最终目的地——你会不由自主地开始规划从 A 点到 B 点的路线。通过让你准确地认识到现在的现实如何阻碍了你的目标，心理对照会告诉你，如果你真的想达成目标，必须改变你目前的经验。所以正确的做法应该是先对未来做出积极的畅想，然后对现实中遇到的问题进行反思，这样才可以更好地评估现阶段影响你实现目标的各方面阻碍。[28]

在把积极思想和现实状况相结合的过程中，你同时完成了两件事：建立起想要实现目标的紧迫感，对自己能否成功更明确。你对成功的期待感越强，对目标也就越执着。[29] 如果坚信可以实现目标，你会感觉备受激励。在一项研究血液收缩压变化的研究中，这种对成功的渴望引起了研究人员的注意，因为血液收缩压可以看作是生理唤醒状态的指标。[30] 人体这种生理和心理状态的变化会把对成功实现目标的期待转化为坚定且持久的信念，[31] 以及后续实现目标的实际行动。研究同样表明，个体完成心理对照之后，如果觉得不能实现目标，就会产生强烈的失望情绪，这反而会提升他们的动力，因为个体会采取一切措施，避免之后再次体会到这种消极感受。

现在我们已经对心理对照的内容以及它有效的原因做了充分说明，接下来的实践环节就让我们看看它能给你带来什么帮助吧！

-------------------------------------- 练 习 --------------------------------------

心理对照

我在厄廷根博士提出的原始理论基础上进行了一些改动和调整，形成了现在这个版本的心理对照练习，它看起来很简单，但实际上并非如此。进行练习时你一定要利用好自己的笔记，充分发挥其效果。

首先想一个愿望。选择一件离你很近的、你希望实现的事情，并且是一件你相信只要努力就能实现的事情。为了确定你对自己实现目标能力的自信程度，请你对自己的自信心按 1 ~ 10 分评分（建立在你全力以赴去做这件事的基础上），10 分代表最高程度的信心水平。请想一个你的自信心评分至少在 7 分或以上的愿望，确定之后把它当作目标写在笔记本上。

然后请再花几分钟，想象自己的愿望成为现实。任由自己的想法畅游在美好的幻想中？你有什么感受？实现目标后最美妙的是什么？实现目标后你有怎样的感受？把你脑海中的想法全部写下来。

现在再假设自己没能成功实现目标。反思一下自己失败的原因。是有什么阻碍吗？是自身有什么问题（想法、情感和行为）造成了负面影响吗？哪个 L.I.F.E. 因素阻碍你实现目标，又是如何阻碍的？如果没能实现目标，你最害怕的是什么？失败后你有什么感受？

　　我们来看看丹尼是怎么完成这个练习的。他给自己制定的目标是减重13千克，但太过宽泛的目标会让人觉得难以实现。"减重13千克"这个目标太过笼统，缺乏细化描述，所以我让他根据自己的实际情况，想一想如果全力以赴，需要多久才能够完成目标，一定要设定具体的时间框架，然后他给出的时间是一年。当他对自己在一年内减掉13千克体重这一目标的信心进行评分时，只给出了5分。这个分数表明他非常不自信！如果你对自己能够实现目标没有充足的自信心，那么是时候重新开始了。想一想之前提到过的S.M.A.R.T.要求（见26页），运用该标准重新调整自己的目标，要么缩短时间框架，要么一步一个脚印，将原本的大目标拆分成一个个小目标，直到面对该目标时自信心评分能够达到至少7分。研究表明，你对自己实现目标的信心越强，那么你对目标的信念也就越坚定。丹尼重新设定了自己的时间框架，把时间延长到了18个月，在该时间框架下，他对实现目标的自信心可以达到8分。

目标：18个月内减重13千克

　　在写下自己的具体目标后，丹尼开始想象达到目标体重后会有什么感受。

　　　终于成功实现这个目标，我已经期盼好几年了。减肥成功后最棒的就是我能够恢复到原来的身材，再也不必为一直没能成功减肥而自责。我会觉得更健康，精力也更充沛。我会对自己取得的成就而欣喜，会为自己而自豪，从此我可以自信地直视朋友和家人的眼睛，因为我念叨着要减肥这么多年，现在终于成功实现了！

当丹尼开始考虑自己行动过程中的阻碍时，一切也变得容易起来。

> 我之前也曾想过要去减肥，但是从来没有实现，所以如果这次没能成功，我也不用感到意外。我的意志力太薄弱，所以最大的阻碍是我自己。对于没能成功减肥这件事，我其实也一直深感愧疚和自责。我常常对自己说，如果在看电视的时候吃了一块饼干就能毁掉我的整个饮食计划，那又何苦继续坚持呢？但我就是控制不住自己拿起一块饼干，之后还会有第二块、第三块。我担心如果一直这么胖下去，自己的健康状况会不断下降，甚至最终需要去医院接受治疗，平时的日常活动可能也会受限。可以这么说，如果不能成功减肥，那么我就是一个彻头彻尾的失败者。

现在丹尼已经识别出了自己生活中具体的消极感受和细节，包括诸如自责、挫败感在内的各种负面感受。除此之外，他还很担心不健康的饮食会带来的结果，他可能需要开始服药，甚至日常活动都要受限。这些都是丹尼不愿面对的，所以他在心里这样对自己说：我必须现在就做出改变，事态紧急，不能有丝毫拖延。我们有时候恰恰需要这样的紧迫感来纠正自己的坏习惯——我们必须清晰地了解现在的行为究竟会对自己的生活造成怎样的影响，并且清楚自己不能再和这些问题纠缠下去了。这样做可能伴随着风险，你可能畏缩不前，甚至感到害怕，但不管怎样请坚持下去，因为能成功实现目标对我们来说意义重大，值得去冒险尝试——它可以帮助我们将避害扭转为趋利，让我们在成功的道路上继续前进。

尽管我们需要经过一定的练习才能对自己的目标进行生动的描绘，并对自己现在的阻碍形成清晰的认识，但是请记住，你在练习中填补的细节越多，那么相应地，你实现目标的动力就越强。所以认真地把这些细节记录在笔记本上，确保自己不会遗忘，也方便自己以后参考。

执行意向

心理对照会帮助你明确目标，坚定目标，确认在目标的实现过程中会遇到的问题，执行意向则会帮助你制定一份清晰的路线图，引导你去实现目标。执行意向的核心是一份提前制定好的问题解决对策，通过严密的计划来维持你的意志力和动机，从而抵抗短期诱惑以及行为冲动。请记住，你的大脑是个认知吝啬鬼，只要你的所作所为能够将你的反应和行为自动化，那么就会提高其重复出现的概率。如果你已经事先制订好了计划，那么将其付诸行动就会变得很容易。从本质上讲，你已经帮助自己的大脑创建了一条自动向前的思维捷径，当面对一些比较棘手的问题时（比如出现一些触发性的前因），你的大脑会本能地寻找这些捷径以减少认知负担。所以提前做好这些工作，可以保证大脑顺从地采纳你制订的计划。我们有着充足的动机和坚定的信念，往往却在行动上栽跟头。[32]我们很容易被当前眼前的事物影响。所以执行意向的意义就在此，当特定的情境发生并且可能影响前进的路线时，我们早已经提前准备好了应对计划。

例如，珍妮就需要一个周密的计划来帮助自己抵挡追剧的诱惑，从而确保自己在规定的时间内准备工作报告，执行意向能够帮助她在最大程度上强化现存的意志力。而假如你的意志力已经耗尽，执行意向也能充当故障保险——因为你已经提前设定好了一系列行为路径，就好比一份菜谱或者驾驶指南，当你太过疲惫而无法思考问题的时候，直接照着上面写的去做就行了。

而如果你无法抵挡这种强烈的冲动，迫切地想要屈服于当前的快感（不顾自己的饮食计划只想大吃大喝，删除了将要发送出去的简历，取消了一次相亲约会），那么使用"如果／当……那么……"这种表述就很管用了。在你感觉精疲力竭之前，它们会给你提供各种正确的备用计划，你需要做的就是一项一项按照你在纸上写的指令做下去（就像你照着菜谱做菜一样），使自己仍然在向着目标前进。

"如果／当……那么……"

如果你想提前制订计划，那么就需要周全的考虑且具备行动意向。制订计划可以帮助你在特定的情境下做出最高效的行为决策。当你提前规划好了自己实现目标的道路，那么当特定的情形发生时，你就不需要在承压条件下做出决策，更不需要对其他选项的利弊进行充分考虑，你会立即且自动地触发目标导向型行为，而且它们已经经过了你的深思熟虑。这一点对你非常有帮助，因为人处在压力情境下时，会有很大的认知负荷，所以在该计划的帮助下，你能够用更少的认知资源做出更好的决策，同时可以降低决策疲劳出现的概率。

彼得·戈尔维策（Peter Gollwitzer）[33] 博士进一步推动了执行意向理论的发展，他在原有的陈述基础上细化了实现目标的时间、地点和方式。它是我们制订计划以应对自我破坏行为和情境的非常棒的工具。它采用"如果 / 当……那么……"的表达形式，结构简单明了，比如

> "**如果**吃完晚饭后我突然非常想吃零食，**那么**我就去散散步。"

或者

> "**如果**我决定吃饼干，**那么**就专心吃饼干，不要被其他东西分心（比如一边吃一边看电视），然后把剩下没吃完的饼干放到冰箱里（这样我就不会受到诱惑，再去吃更多的饼干）。"

"如果 / 当 X 情境发生，那么我会做出 Y 反应"[34] 的结构将已预测前因（尤其是建立型操作）和你用来避免自我破坏反应的行为结合在一起。事先组合这些表述可以让你坚定对目标的信念，同时为你应对自我破坏的潜在触发性情境提供了清晰的模板和行动计划，也可以帮助你制定属于自己的自我破坏应对方法。[35]

　　研究表明，这些表述会提高大脑识别具体情境的能力，[36] 帮助你规划自己的反应，[37] 还可以预先制订好计划，这样在需要时就可以很方便地调用。[38] "如果／当……那么……"句式有点像地震或消防演习。尽管很多人不重视这样的演习（包括我自己），但是不得不承认，这类演习确实能够教会我们如何应对各种紧急情况。演习过程中会制订撤离方案，我们之所以会在灾难真正发生之前通过演习去寻找离自己最近的逃生路线，就是希望即使在危险混乱的紧急逃生现场，依然知道该采取什么行动。你可以制订逃生方案来保证自己的生存安全，也可以制订生存计划来更好地实现目标，或者克服自我破坏本能。和演习一样，提前练习这些应对方案，下次面临问题时你就不会思考或不确定自己下一步应该怎么做了。

　　"如果／当……那么……"句式同样可以帮助你轻松地替换某一系列有问题的行为。回想一下在步骤 3 中学习过的 ABC 流程：你会提前准备好自己的行为计划，这样当具体的情境线索出现时，提前准备好的行为计划就会被自动触发，避免了你在可能有危险的情况下仍需主动控制自己的目标导向型行为。具体来看，该句式中的"如果／当"部分可以提高你对触发自我破坏的前因的认识，"那么"部分则会助推有益行为的产生。这一句式对某些特定类别的目标尤其有帮助，比如减少摄糖量、养成定期健身的习惯，因为这类目标往往需要你花费额外的精力去养成一个新的习惯。执行意向还可以帮助你提前改写自己的 ABC 流程，推动你采取有益行为，更好地去实现目标。

------------------------------------ 练 习 ------------------------------------

写下"如果 / 当……那么……"

"如果 / 当……那么……"句式就如同你的紧急情况工具箱，所以一定要在你意志力充沛之时建立起这些故障保险。首先，请你写下在上一步的长期练习"剥离建立型操作"中识别出来的三个最主要的建立型操作。在笔记本上把它们写下来后，给每个建立型操作写一条"如果 / 当……那么……"形式的表述。在进行这一步的时候，你可以看看下面的小技巧，了解一下丹尼如何完成了他的"如果 / 当……那么……"表述。你的目标是确保在遇到自我破坏的时候能够有更多可供选择的"撤离方案"。

制定高效执行意向的小技巧

"如果 / 当……那么……"句式可能听起来太简单，事实也确实如此，但我可以给你提供一些指导，让你写出的句子能够对实现目标产生额外的助力。

明确具体，细致深入。研究已经表明，与过于笼统的目标（比如身体更健康）相比，具体的目标可以使个体产生坚定的信念，会使个体更好地实现目标。[39] 如果想将执行意向给你带来的帮助最大化，那么你必须确保这个句式的两个部分都非常明确具体。具体的表述不仅可以帮助你明确该句式的使用时机，还可以更容易触发你预置的替代性行为。当然，你也可以以量取胜，通过一系列"如果 / 当……那么……"表述对情境进行细化来达到要求，这样我也完全赞成！

比如丹尼注意到当自己觉得无聊的时候会吃更多的零食。如果觉得没什么事做，他就会拿一包薯片，抓一把糖果，或者吃几片他最爱的巧克力薄脆曲奇饼。他还注意到自己吃这些零食并不是因为肚子饿，仅仅是因为"没有什么事情做"。

丹尼第一次尝试用"如果/当……那么……"进行表述时，情况如下。

"如果我感觉很无聊，那么去画画，不要吃零食。"

这是一个很好的开始，但是他忽略了对假设情境中一些重要细节进行具体化的描述。比如一天当中感觉无聊的次数可能很多，假如丹尼某一次觉得无聊的时候手边并没有画画所需的工具呢？又或者假如丹尼觉得无聊的时候其实并不是特别想吃零食呢？甚至句子中的"那么"部分也得修改，他需要进一步阐明自己的替代性行为。他要画什么？需要什么样的工具和材料？在经过一番讨论之后，丹尼对他的"如果/当……那么……"表述做出了如下调整，新的表述更具体也更有效。

执行意向1：如果下班回家后我感觉非常无聊，有点想吃零食，那么我会从书桌抽屉里拿出自己的素描板和铅笔，把脑海中的想法画出来。

执行意向2：如果下班后我感觉非常无聊，有点想吃零食，而此时我又不在家，那么我会拿出手机，玩

10 ～ 15 分钟《糖果传奇》(*Candy Crush*)。

　　执行意向 3：如果周末我非常无聊，外面天气刚好不错，适合出游，我有点想吃零食……那么我会穿上运动鞋，去外面散步 20 ～ 30 分钟。

　　为了让"如果 / 当……那么……"表述真正有效，你必须对预设的情境和后续的行为有清晰的认识。同样还需要考虑细节，比如你所处的位置，一天当中具体的时间，该行为将持续多长时间等。

　　先从最可能触发自我破坏行为的情境开始。在上一步中你已经确定了对自己最重要的建立型操作。因为这些情境触发你自我破坏行为的可能性最大，所以我们可以先从这些情境开始，着手构建"如果 / 当……那么……"形式的表述。通过前面几个步骤的学习和练习，你应该已经精于识别这些情境，也已经了解到它们涵盖从想法到感受、记忆、事件、人物以及事物多种不同范畴。所以此时此刻，你应该很容易就能判断出那些最具诱导性、最容易引发你自我破坏行为的情境。当你开始着手应对最可能触发自我破坏行为的情境之后，你会注意到自己身上发生的变化；当你意识到这些积极的变化（比如能够在自我破坏行为即将发生前阻止它）后，你也会发现这种变化能够反过来影响自己的动机，你期待的转变越多，它能带给你的收获也就越多！

　　在没有压力情境下提前写好自己的"如果 / 当……那么……"表述。提前写好"如果 / 当……那么……"表述的意义在于，能够在你的意志力充沛的时候就调动起决策技能。比如我喜欢在周末早上列出自己的"如果／当……那么……"表述，这时候我手头没有任何紧要的事需要处理，家里面也很安静，前一天晚上睡了个好觉。你可以尝试着做十组深呼吸，播放一些音乐，或者是在开始之前换上一身舒适的衣服。我的一个来访者特别热衷于给自己营造一种水疗会所的感觉：她会点上一根蜡烛，或者在香薰机里加一些精油，微微调暗灯光，穿上自己舒服的水疗长袍，拿着笔记本坐在沙发上。怎么适合你就怎么来！目的就是创造一种静谧、舒适、平和，能让你的思维免受分散的氛围影响。

把它们写下来。为了确保执行意向能发挥作用，你需要通过书写来使其更加具体。仅仅在脑海中进行想象是不够的，把事情写下来不仅能使事情更真实，使你对目标更坚定，同样是一种练习，有助于学习及强化记忆。虽然你可以采用电子笔记或者某些笔记类的应用程序来记录本书其他练习的反馈，但请使用纸笔书写来记录"如果／当……那么……"表述练习。研究表明，相较于通过电子设备记笔记，传统的书写笔记能帮助使用者更有效地学习。帕姆·米勒（Pam Mueller）博士和丹尼尔·奥本海默（Daniel Oppenheimer）博士主导的一项研究发现，如果学生采用书写的方式记笔记，他们在考试中遇到高难度的抽象性问题时往往会取得更好的成绩，而且笔记总量比其他使用电子设备记笔记的同学更少。[40]（除此之外，我们都知道电脑可以同时处理多项任务，还会导致分心！[41]）所以请拿起你的笔，尝试一下书写笔记！而且我保证，当你需要采取促进目标的行为时，会更容易回忆起亲笔写下的执行意向，而非回忆起保存在电子设备上的记录。

抄写并朗读。在写下了一些自己喜欢的"如果 / 当……那么……"表述后，把它们誊到其他地方。例如将其从笔记本誊到便利贴上，在家里多贴几张，或者写在能够随身携带的小卡片上。你可以考虑把这些"如果 / 当……那么……"便笺放在容易触发自我破坏的情境中，方便解决对应的前因。比如，在你无聊时最喜欢吃的饼干盒上贴一张便利贴；假如你拖延症发作不想工作的时候会跑去看电视剧，也可以把便利贴贴在遥控器上。不管贴在哪里，都要保证自己每隔几天能拿出来读一遍，必要的话还要做出调整。只有定期重复才能够将这些句子及内容内化于心，当某些情境出现，你需要运用这些表述的时候，你要迅速做出反应，自觉地将自己的执行意向付诸实践。

现在你应该很清楚什么是执行意向了，可以试着把多个意图放在一起，首先从最可能触发自我破坏行为的情境开始。

借助执行意向实现目标

自我破坏似乎总是凭空出现，然后在悄无声息中接近你，阻止你实现自己的目标。当意识到自己即将陷入自我破坏的不确定的情境中时，你希望能尽快进行干预，让自己重回正轨。执行意向如同一份帮你解决麻烦的应急方案，它们可以直接被应用于四个成功实现目标的基本任务。

1. **开始行动**。研究表明在同样两个完成任务的过程中，相比仅仅写下需要按时完成某个项目或任务的人，[42, 43] 那些在执行意向中明确了何时、何地以及如何开展工作的人成功的可能性会提高三倍。此外，那些尽管知道实现目标符合自己的最大利益，却仍然在最开始对目标表示抗拒的人，在写下了执行意向之后，采取实际行动实现目标的意愿也得到了提高。[44, 45, 46]

2. **保持状态。** 如果你感觉焦虑、疲惫、神经紧绷、分心，或者正遭受其他事物的诱惑，那么肯定很难保持专注。执行意向可以减少负面因素的干扰，[47] 同时帮助你在实现目标的过程中免受消极想法和不适情感的影响，以免偏离目标。[48] 当你提前制订好了计划，就不容易受到当下环境的影响。

3. **停止低效行动（并以新的行动替代）。** 如果你现在的行动缺乏效率，并且处于一个熟悉的自我破坏状态，那么你可以制定执行意向来调整方向，[49] 并且能避免在缺乏动力或客观评估周围情境能力的情况下做出决策。这就好比用 GPS 导航仪选择耗时最短、交通状况最优的交通路线。

4. **避免这个过程中的倦怠。** 因为执行意向可以减少认知负荷，所以会降低你产生怠惰情绪的风险。实际上研究表明，如果某人在进行前项任务时使用了执行意向来进行自我调节，那么在后续任务的进程中，他的自我调节水平仍然能保持在高位水准。这说明如果你能够在面对某个情景时严格遵守自己的计划，那么这样的状态和能力会得到保持，继续帮助你去面对接下来的任务和挑战。[50, 51]

　　下面的三个练习会综合运用本书到此讲过的内容来帮助你强化动机，提高意志力，进而解决目标实现过程中的阶段性问题。

快速练习：通过快速可视化和"如果／当……那么……"，将动机和意志力水平的提高过程具体化（10 分钟）

　　如果你觉得时间紧迫，自己已经处在触发自我破坏行动的边缘，请做 10 组深呼吸，然后在脑海中想象出两个茶杯——其中一个杯身上写着"动力"，另一个杯身上写着"意志力"。想象自己正朝这两个杯子里面倒水，水越来越满。请记住，你是在有意识地使用本章学到的技巧来提高自己的动机和意志力。和最开始相比，现在的你已经掌握了更多的自我调节技巧。这个练习提醒你，你有能力抵御内心避害的冲动，在最需要的时候为你的内心注入力量。练习的最后，请写下帮助你提高自己动机水平的具体方法（比如，我昨天使用了心理对照），以及帮助你提高意志力水平的具体方法（比如，把写有"如果／当……那么……"表述的便利贴贴在了我最爱吃的饼干的包装盒上）。

短期练习：提前练习你的"如果／当……那么……"表述（接下来的 24 小时）

　　熟能生巧，练习可以巩固你的学习效果，这样当你面对问题的时候，就会很自然地快速采取正确的应对措施。如果你能够提前实践自己的"如果／当……那么……"表述，那么当你真正需

要它的时候，就更有可能将其化为行动。选择一条你在"写下
'如果 / 当……那么……'"（见 183 页）练习中记录的执行意向，
然后在接下来的 24 小时中规划好时间，安排两次练习。请尝试
设置一个符合执行意向的"如果 / 当"部分的情境，这样你可以
练习如何抵御偏离目标的冲动。

　　比如，丹尼想测试一下自己应对"无聊吃零食"这一行为的
"如果 / 当……那么……"表述：如果我在家躺在沙发上看电视的
时候想吃零食，那么就从房间里拿出七巧板拼图玩 20 分钟。

　　当晚结束工作后，丹尼按计划设置了符合句式中"如果"的
情境。他坐在电视前，旁边的茶几上放着一包薯片。

　　当他坐定后，他开始在内心进行评估，估算在坐在电视前且
身边有薯片的情况下，自己想要伸手去拿这包薯片的冲动强度，
1 分代表无冲动，10 分代表冲动极强。最开始他给出了 5 分。

　　接下来，丹尼演练了"那么"部分，再次对自己出现有问题
行为的冲动进行评分，从 1 分（没有冲动）到 10 分（冲动极强）。

　　丹尼的执行意向对他的替代性行为做出了具体规定：拿出七
巧板拼图然后玩 20 分钟。这个行为可以很好地替换掉他吃零食
的行为，因为他很难做到一边玩拼图一边吃零食。在练习的时候
他还非常负责任地设了一个 20 分钟的计时器，规定自己玩七巧
板的时间。20 分钟后他再次对自己想吃零食的冲动进行评分，这
一次分数下降到了 2 分。

　　现在请你也来试试！选择你想要测试的表述，根据句子描述
设定好相应情境。别忘了在开始练习之前给自己的负面行为冲动

进行评分，这样在练习结束后对比前后评分，你就能很容易地发现自己前后心态的变化。现在请开始测试你的"如果 / 当……那么……"表述。

这个练习可以帮助强化你对执行意向的学习，矫正错误的ABC 流程。你会以更加实际具体的方式在心中设置一系列新事件，若出现了特殊情况，也更容易采用事先计划好的替代性行为。

长期练习：心理对照和执行意向中的四个因素（之后的一个星期）

本练习将心理对照和执行意向两个技巧相结合，强化动机，提高意志力水平。具体来讲，本练习会将心理对照和执行意向应用于自我调节中的几项最基本的任务，即开始行动，保持状态，停止低效行动（并以新的行动替代），以及避免这个过程中的倦怠。这些任务都对个人的自我调节能力有较高要求，所以针对每一项任务，你都需要完成一系列的心理对照和执行意向综合练习。如果你在接下来的一个星期中每天关注一项任务，那么这个练习会让你有更多收获，还能极大提高学习效果。

第一天："开始行动"环节中的心理对照和执行意向

首先细化某个目标，对于实现该目标的自信心评分应该至少为 7 分。请在笔记本上记下自己的目标以及后续的练习反馈。

目标：＿＿＿＿＿＿＿＿＿＿＿＿＿＿＿＿＿＿＿＿＿＿＿＿＿

现在花几分钟想象自己可以高效地开始着手实现目标。放任想法随意游走。想象自己能够做得很好。

- 这之后会发生什么？
- 最棒的事会是什么？
- 你会作何感受？

在问完自己这三个问题之后，把脑海中所有想到的东西写下来。

但也有些时候，你的期望不会实现。花几分钟好好思考一下这一环节的阻碍是什么。想一下所有可能干扰你实现目标的影响因素。

- 你是否感受到一些内生障碍（想法、情感，以及行为）阻挠了自己实现目标？
- 如果不能开始行动，你最担心的是什么？
- 你会作何感受？

在问完自己这三个问题之后，把脑海中所有想到的东西写下来。

现在请至少写下一句"如果／当……那么……"表述，用来在你遇到难题，陷入低效行为后直接帮你做出最佳的行为决策。

接下来，另外选择三天继续余下三项任务的针对性练习，采取和上文中同样的结构和步骤。我对下列练习中心理对照部分的开头提示词做出了调整；或者你也可以使用其他提示词来完成其他日期的练习。

第二天："保持状态"环节中的心理对照和执行意向

请想象自己能有效保证目标进展。放任想法随意游走。想象自己能够做得很好。

花几分钟好好思考一下这一环节的阻碍是什么。

第三天："停止低效行动（并以新的行动替代）"环节中的心理对照和执行意向

在这一天，请想象自己能够判断并及时停止不利于实现目标的低效行为，并能够在必要时替换为替代性行动。放任想法随意游走。想象自己能够做得很好。

花几分钟好好思考一下这一环节的阻碍是什么。

第四天："避免这个过程中的倦怠"环节中的心理对照和执行意向

最后，请设想自己在整个实现目标的过程中一直保持着正确的方向，也没有感觉疲惫。放任想法随意游走。想象自己能够做得很好。

再花几分钟想象一下会使你精疲力竭的障碍。

本练习需要同时应用心理对照和执行意向这两种技巧，因为它们涉及目标实现过程中的不同阶段性问题。无论你最终的目标是活出最好的自己，还是完成一场马拉松，工作中得到晋升，甚至是找到真爱伴侣，如果你能够清晰地规划目标，及时排除潜在障碍，制订具体的计划（你的个人消防演习），那么当有事情阻碍你时，你不仅对前路了然于胸，还能够应对任何未知的风险和挑战。

接下来呢

现在你的笔记本中应该已经记下了一些"如果／当……那么……"表述，是时候将它们付诸实践了。练习可以帮助你提高自我调节能力，还能够帮助你及时做出调整，以应对新的挑战，满足实现目标的需求，而且会使你不断建立自我效能感以提高效率，将自我破坏消灭在萌芽状态。现在我们要做的就是探究如何能够持续数月或者数年（无论需要花费自己多长时间来实现目标）保持这份专注，而不是仅在感到压力时才产生三分钟热度。

第5章

步骤 5
每天一个价值准则，
远离自我破坏

　　自我破坏并不是一次性现象。随着时间的推移，大部分人会发现，这样的现象会不断以各种形式出现，不断阻碍我们在个人生活和职业生涯中实现自己的目标。为了能够维持自己实现目标（不管或大或小）的进度，并且真正消除自我破坏，我们要主动抛开传统的或当下流行的幸福论观点，转而去追求另一种满足感，当我们与自己的价值观产生联结，并按价值观生活时，就会产生这种满足感。只有追求与内心深处价值准则相一致的目标，我们才能收获真正的幸福。

《赫芬顿邮报》（*Huffington Post*）的专栏作家凯伦·瑙曼（Karen Naumann）在描述生活时使用的比喻非常恰当："……在生活中，你不断地向自己的价值准则妥协，每妥协一次就相当于点燃一簇火苗，最终它们会引发一场大火，而你会第一个被烧伤。"[1] 如果你熟悉自己的价值准则，并且依照价值判断在日常生活中做出各种决策，随之而来的认同感会为你所有的目标构筑坚实的动力和意志力基础，强化你的整体自我调节能力，进一步在更大层面上为你的生活带来诸多益处。当你的目标以自己的价值准则为核心，你不仅会有前进的动力，你的意志力也会得到提升。当你受到诱惑，或者想要逃避某段经历或某种责任的时候，请时刻谨记自己的价值准则，它会激发你的意志力，让你保持专注，避免触发自我破坏。

通过依靠价值准则来指导自己的行为、决策，以及行动，你可以消除引起自我破坏习惯的内在紧张。在你追求自我实现的过程中，价值准则可以对你的信仰、行为以及生活方式进行约束。每个人持有的价值准则不同，我们选择通过行为、思想以及人际交往活动所表现出来的价值准则也不尽相同。借助价值准则的指导，你可以在生活中建立起各项标准，这无形中也提供了一种制约，它会监督你在自我实现和目标实现过程中的行为表现。

价值准则在赋予我们生活的目标和意义上处于核心地位。它们是给我们带来欢乐，满足我们欲望的引导力量。有些价值准则是偏个人化的思想，但根据劳拉·帕克斯（Laura Parks）博士和罗素·盖（Russell Guay）博士的描述，有些可以作为规范个人行为的社会信条。[2]价值准则不同于伦理道德观念，它代表着我们每个人内心重要的东西，以及人生的目的。每个人都有自己独一无二的价值准则，每个人都有自由选择价值准则的权利，价值准则也会随着时间的推移而发展。

因为价值准则是我们生活和生活方式的一个重要的方面，所以即使我们没有明确地将自己的价值准则表达出来，它们仍会影响我们的目标抉择。价值准则同样是我们能否成功实现自己目标的决定性因素，尤其是长期目标。如果你的目标没能与自己的价值准则保持一致，那就能够解释为什么你没能成功实现目标——缺乏意义的目标不会生发出坚定的信念和执着的追求。如果你曾在目标实现后感到空虚，甚至还会有些困惑地自问"接下来呢"，那可能意味着你所执着的目标并没有多少实际意义。

当目标和价值准则不一致

你的目标和价值准则有可能是不一致的。实际上，我可以这样下定论：绝大多数人努力的目标都缺乏和自己价值准则的契合度，这就是为何他们常常会失败，或者实现目标后产生空虚感。比如，我们假定你下决心要在夏季到来前减肥，你也顺利实现了自己的目标，但是夏天一过，你的体重又涨了回来。这个结果虽然让人失望，但并不让人意外：因为你的目标是和夏天绑定在一起的，而不是来源于和健康或生活方式有关的价值准则。如果你想要长期维持自己对目标的追求，那么就一定要确保它建立在自己持有的价值准则之上。

在这一步中，我们首先会帮助你识别自己的价值准则，然后去细化为其服务的目标。不判断自己的目标是否与主要价值准则相吻合，而直接采取行动实现目标，这无疑是本末倒置。在完成了本章的练习以后，再回头看看你现在的目标，即在主动与自己的价值准则相结合前设立的目标。如果这些目标和自己的价值准则并不契合，想办法进行调整，确保两者产生交集。

现在，如果你感觉自己的某个目标和所有价值准则都相去甚远，以至于很难在两者间进行调和，那我不得不诚恳地告诉你：你可能需要花点时间想一想，你是否真的想要实现这个目标？能够实现它对你来说真的很重要吗？你实现这个目标是为了博得他人的欢心，或者只是随大流，看到其他人都在这么做？如果你的目标不能和自己的价值准则产生联系，哪怕只是次要联系，那么你的结局注定是失败。不管你觉得这个目标有多么重要，或者你已经在上面花费了多长时间，都请你立即冷静下来，深呼吸，然后放弃它。好消息是，这样做也给你提供了一个另立新目标的机会，让新目标与你的价值准则更契合，这样在你实现目标之后就能够收获更多的满足感和成就感。

当我们说克服了自我破坏的时候，并不仅仅指实现了某个目标，可以表扬一下自己，然后再也不用处理这类情况了。实际上几乎所有的自我破坏行为，包括拖延症、强迫性购物、逃避亲密关系、亚健康饮食习惯、缺乏金钱管理能力，或者在商业活动中不敢承担必要的风险以获取更大的利益，都需要你终身努力，警惕自己不要轻易地掉进这些曾阻碍自己活出精彩人生的陷阱。为了能够从生活中永久消除自我破坏影响，你需要一个长期有效的方法，即使最初规划目标时的激情褪去，即使第一次成功运用本书技巧后的成就感消失，这种方法能确保你仍然可以保持专注和充足的精力。只有当你真正触及自己生活中最在意的事，了解自己的立场，明白自己价值准则的源头，才能维持这种持久的奉献精神。

　　个人的价值准则才是构筑和维系长期自我调节能力的最终方案，而非仅仅维持某一天或某一周的良好自我调节状态。通过步骤 4 的学习我们可以知道，自我调节对于阻止自己的自我破坏至关重要。价值准则可以补充我们耗尽的动力和意志力，它也是自我调节两个重要部分（标准和监测）的基础。价值准则就像你内心最深处的标准，把它们放在重要位置，有助于你保持观察外界，并与外界产生互动的标准。它们同样可以是你借以观测自己行为的窗口，进而加强你的监测能力，确保现在的行动与你的立场和目标相符合。深入了解价值准则意味着你可以随时从其中汲取力量和灵感，它们为你想追求的目标提供了良好的支持和基础。

　　在上一步中，我们学到通过心理对照来提高自己的动力。价值准则同样可以帮助你调整动机，无论是人生中的艰难时刻，还是更长时间范围内的挑战，让你都能受到激励。目标的实现过程并不总是一帆风顺：其中总会伴随着挑战，有时前进的道路会很艰难。随着时间的推移，你的动力会自然而然地开始下降，价值准则可以助你一臂之力。回忆你的价值准则，尊重价值准则（提醒自己为何要去经历这样的艰难时刻），可以强化你的决心和信念，继续追求自己的目标，但这样做并不会提供详细的指导说明，告诉你下一步该怎么办，因为这是执行意向需要完成的工作。

提前确定自己的执行意向，可以帮助你在压力时刻抵御短期的诱惑或暂时缓解痛苦，而不需要特别依靠意志力。执行意向并不会直接提高你的意志力，它们只是把意志力储存起来，确保你在需要时可以立即调用。

在本步骤中，你将学习到价值准则如何持续强化个体的意志力，并且保存这些宝贵的资源。研究表明，当你对自己追求目标的原因充满自信时（相信是自己的内在欲望驱动的，而不是取悦他人），你的意志力水平会显著提高，而且不会快速耗尽。[3]你在步骤4学到的技能，结合将要在本步骤学到的知识，将使你的意志力强大且持久。

但仅有这些还不够，因为价值准则对于阻止自我破坏行为的发生非常重要，它们会帮助你追求真正的幸福——这是我们认真遵守价值准则时才能获得的感受。在此之前，更重要的是给幸福下定义，而答案可能会超乎你的想象。

幸　福

我们投入过多精力去考虑如何实现目标，却忽略了最开始设立目标的初衷！大部分人可能会说，设立目标是因为想要收获幸福——减肥成功后，我很幸福；受到提拔后，我很幸福。我们频频提到"幸福"这个概念，因为它是许多自助类书籍的主题，也常常出现在日常对话中。尽管幸福似乎是一个非常直观的概念，它仍然值得深入学习，因为生活中各种我们认为非常重要的事物，其核心都是幸福。

从生活中得到自己想要的东西，这样的行为常常与幸福画等号。实际上，之所以会选择购买、阅读本书，就是因为你想通过实现目标来收获幸福。对幸福的追求深深地植根于人性之中，古往今来很多人对幸福的概念进行了探索和定义。早期的历史记录表明，一些人类历史上最伟大的哲学家，比如亚里士多德，就曾思考过幸福的概念，在《尼各马可伦理学》（*Nicomachean Ethics*）中，他将其描述为"唯一只因自身之故而为人所欲的事物"。最近人们对幸福的重视程度被进一步放大，不仅因为人们对心理学领域（尤其是积极心理学 4）的关注，还因为自助运动（self-help movement）的出现，该运动关注的是幸福的概念以及如何获得幸福。人人都想得到幸福，但它究竟是什么？

传统意义上的幸福意味着各种积极或愉悦的情感经历，诸如满足、愉快和喜悦。幸福同样被认为是免受负面情绪影响的状态，这样的负面情绪包括压力、内疚、愤怒、自责、焦虑或悲伤。传统的或者当前所流行的幸福观念都存在一个问题，即它们的解读仅仅建立在增加快感、减少痛苦的基础之上。这类幸福也被称为享乐幸福（hedonic happiness），这个观点可以追溯至公元前四世纪的古希腊哲学家，他们提出人生的目标就是快感最大化——这种观念被称为"伦理享乐主义"（ethical hedonism）。目光再拉近，近代心理学家对这一理论进行了扩展，将享乐幸福定义为三个组成部分：

1. 生活满足感
2. 有积极情绪
3. 无消极情绪[5]

这个理论应该能与你产生共鸣，因为该观点的基础就是趋利最大化的同时，威胁（生理或心理上）最小化。它更像是一种鱼与熊掌兼得的奢望，而非平衡二者来促进人的成长。所以你可以把这样的幸福理解为另外一种处理导致各种问题的两种原始冲动的畸形方式。这是因为享乐幸福和个体当前的感受有着紧密联系。这样的幸福是暂时的，就像其他感受或情绪一样。当我们度假，当我们享用美食，当我们享受鱼水之欢，或者当我们经历了一些令人激动的事时，我们的感受就是这种享乐幸福的源头。当然，这些感受只会持续一段很有限的时间，之后就会彻底消失。而如果我们仅仅只关注这种幸福感——我们存在的理由就是紧紧抓住这些"好的感受"——我们就更有可能想尽一切办法避免负面感受。这种面对生理和心理不适时的逃避性行为被称为经验性回避。

正如史蒂文·海斯博士所说，经验性回避是指"试图回避思想、感觉、记忆、身体感觉和其他内在经验，即使这样做会造成长期伤害"[6]。听起来熟悉吗？当你把精力放在如何不惜一切代价去逃避任何现实或感知到的威胁时，这种感受就会出现。这种持久且持续的逃避方式不仅会使你的动机变得模糊，削弱你针对特定目标的意志力，还会从总体上影响你的生活方式。生活中许多重要目标的实现都不会一帆风顺，如果我们不断地想办法逃避面对挑战时内心的消极想法或感受，就会减缓甚至阻止实现目标的步伐，还会限制我们成长和做出改变的能力。

追求享乐幸福使避免不愉快的想法和感觉的诱惑更加诱人。如果你对幸福的定义就是充足的积极情感和更少的消极情绪，那么每时每刻你都会在思考并实现快感最大化和不适最小化。每个人都会经历痛苦和磨难，这就是人生的一部分。讽刺的是，我们越是想逃避，痛苦反而越多，因为这不是真正的人生，我们不愿去挑战自我，这些挑战可以为我们的人生增色，赋予人生更多的意义，让我们感到自豪，但现在我们"剥夺"了这种经历。

如果你不清楚自己做某件事的动机和它的重要性，就很容易受到影响，发生自我破坏。你可能很难找出一个能说服自己的理由，解释为什么自己要在实现目标的过程中承受这么多压力。在接受了享乐幸福的观念（甚至将其作为自己的价值准则）后，你的意志会逐渐薄弱。如果自己的目标缺乏价值准则的支撑，那么你很可能习惯性地依赖给自己带来短期利益的行为，但长期来看这些行为并不利于你的成长。

打个比方，因为朋友在动物收容所做义工，你也跟着一起去（而且说实话，谁不喜欢小狗呢），如果你缺乏朋友那样对于服务或者养育的强烈价值认同，虽然当时你感觉良好，但会缺乏长期坚持的动力。

如果我们不清楚自己现在屈服于这种不适感的原因，忍受不适所带来的负面感受就会特别明显。所以想要消除逃避现实或未知威胁的任何针对行为，就必须从自己的价值准则出发。

托比非常熟悉经验性回避，并且承认自己这样做已经有一段时间了，特别是在面对各种社交场合的时候。虽然朋友们并不觉得托比内向，但他表示自己实际上就是内向的人。了解他后你会发现，他聪颖过人，幽默风趣，很受周围人的欢迎，但是在面对各种新的社交场合时，他常常觉得不知所措。我问他为什么会产生这样的想法，他猜测这可能要追溯到自己的中学阶段，那时候他还没有和其他同学混熟，所以经常落单，被孤立在小群体之外。他总是在各种聚会或者社交活动结束后才了解到相关信息，然后就意识到自己被大家排除在外，是为数不多的几个没有被邀请前去的人。这无疑对他的自尊心产生了极大的负面影响，从此他不愿意花费精力去交朋友。长大后，他已经可以加入各种小团体，并从中结交朋友，但他总是隐隐感觉这些人是出于怜悯和同情才和他成为朋友。影响托比的主要 L.I.F.E. 因素是自我概念薄弱/易动摇，而这就是坚固盔甲上的一道裂缝，他在这方面极易受到伤害。自尊心薄弱的人寻求幸福的过程可能会很难，因为自我贬低迫使其过分关注他人。自我概念薄弱/易动摇可能会让你觉得自己不值得拥有更富足、更美好的生活，而事事不顺意才是自己应得的。这样的想法会阻碍你去实现最终让生活变得更好的目标。

　　虽然托比非常想结交新朋友，多参加社交活动，但他还是会逃避各种大型聚会，因为他感觉会被排除在社交圈之外，也不知道该和别人说些什么，可能整个晚上都孤零零一个人。我们在讨论他这种频繁放弃各种机会的行为时，他想起自己的母亲也做过同样的事（另一个影响他的 L.I.F.E. 因素是内在观念）。无论是家庭活动还是聚会，或者是其他各种社交活动，他的母亲要么编造一个借口（他经常听到母亲和别人打电话说最近自己很忙，但其实她根本不忙），要么谎称自己不太舒服，可能去不了。长大后得知自己也要去参加这种大型聚会的时候，托比也感觉非常不舒服，他感觉自己的胃像是被紧紧攥到了一起，但打完电话说自己可能不能参加，这种不适感立刻就消失了。事后他又常常对自己的行为感到后悔，因为他真的很想去结交新的朋友，扩展人脉。然而他还是会不惜采取任何方法逃避内心的不适感，会为了缓解生理和心理上的不适而放弃交朋友的机会。因为托比将自己的享乐幸福（尤其是为了摆脱负面情绪）摆在了首位，所以他困于经验性回避的循环之中，而这阻止了他去获得自己真正想要的东西。

　　所以我们应当追求何种幸福呢？答案是德性幸福（eudaimonic happiness）。幸福源于我们对生活目标、挑战和成长的追求，基于这一前提，德性幸福意味着一种有意义的生活，它与真实自我相一致，[7] 与努力"实现个人的潜能"有关，[8] 同时可以产生更持久的自我价值感，而不是单纯愉悦的情绪。为了实现德性幸福，我们的目标就不应该仅仅是实现积极的精神状态和消除负面的情绪感受，而应该去关注如何活出"德善的人生"。发展个体的力量和美德（而这需要个体参加并应对挑战）才能带来德性幸福，而不是仅仅追求快感。[9]当然，好好地活出自己的人生也能够带来愉悦的感受和积极的情感状态（此处特指与享乐幸福有关的那种），但如果你决定追寻这种德性幸福，就意味着你已经承认在实现这些意义重大的目标和工作过程中，消极想法和感受是无法避免的。你必定会经历挫折与压力，但因为你现在关注的是自己实现目标的深层原因，你会更愿意忍受这些时不时出现的苦难。

有些时候，即使我们的本意是好的，但仍然会混淆享乐幸福和德性幸福，觉得它们同为一体。这样的想法很可能会把我们引向自我破坏，因为你认为真正的幸福意味着没有任何负面的情感或感受（从某种程度上说，你认为成功就意味着没有不适感受），但事实绝非如此。追求德性幸福意味着你会经历各种挑战，以及各种产生内心不适的时刻，甚至有些会让你非常痛苦。

L.I.F.E.、价值准则，以及幸福

L.I.F.E. 可以看作是一个人的经历、信仰以及世界观的集中体现。从某种程度上说，它们推动我们走向自我破坏的跳板。我们的价值准则可以抵消 L.I.F.E.。通过确定你想要表达的价值体系——无论是在工作、人际交往，还是在日常活动中——你就可

以构建起对生活的期待，并要求自己做出相应的行为。这样的构建过程对于克服 L.I.F.E. 的消极影响（通常只是暂时的）有极大的帮助。有时候我们会受 L.I.F.E. 困扰，停滞不前，因为我们相信逃避各种不适、各种负面感知，或者潜在的各种威胁情景会让自己感到愉悦。当然从根本上来说，我们知道这样的行为并不会带来快乐和幸福。任由 L.I.F.E. 因素影响生活，这会阻碍你的进步，让你离自己真正想要的生活越来越远。L.I.F.E. 所带来的幸福感往往转瞬即逝。过尊重自己价值观的生活带来的幸福并不总是阳光和玫瑰。有时候按照自己的价值准则去生活真的会很难，但这些消极想法都是暂时的，而且当劳累的一天结束后，你会觉得非常满足，感觉生活非常真实，充满自豪，因为你经受住了这些风暴的洗礼。你在实现目标的过程中取得某些重要进步时，除了追求以价值观为中心的生活所带来的幸福外，你还会同时收获享乐幸福和德性幸福。价值准则能够在你的内心深处与你沟通，当你倾注了时间和精力来遵守自己的价值准则时，内心深处就会迸发出一种幸福，它会让你充满力量，给你带来持久的愉悦，而不仅是转瞬即逝的快感。

我们的目标和价值准则的契合程度越高，实现目标的动力和能量就越充足，而且即使知道自己未来会度过一段艰难岁月，这样的状态仍然能够维持很长一段时间。所以从现在开始，请把你的追求倾注到真正的幸福中去吧！接下来我们再详细讨论一下价值准则，看看它们如何与我们的目标产生联系，以确保在你消除自我破坏的过程中，这两者能保持一致。

价值准则的重要性

价值准则和目标都能够对我们起到激励作用，但两者的属性截然不同。价值准则和目标存在于你生活的方方面面，包括职业、家庭、朋友、恋情、精神、学习以及娱乐，但这两个概念有一些根本的差异。我喜欢用类比来阐明这两者之间的区别，目标就像你旅行的目的地，价值准则是你的方向。假设你想沿着太平洋海岸公路自驾游，途中你有好几次下了高速欣赏沿途风景，想在沿途的餐厅吃点东西，或者是顺便拜访几个老朋友。但不管怎样，最终你还是会回到路上继续自己的旅途。与此类似，你可以把诸如结婚，搬家去纽约，读完一本书，去希腊旅游，拿到房产证，完成一场马拉松等在内的各种活动看作海岸公路上的一个个停靠处，而你的整个人生就是这条建立在诸如诚实、进取、团结和信任这样的价值准则之上的海岸公路。

价值准则是有意义的信仰和人生哲学，它代表着我们的立场，与世界的互动方式，以及他人对我们的评价，价值观可以每时每刻都存在——你可以在任何特定的时间点刻意选择尊重和培养它们。你不能简单地把它们一个个从清单上划掉，而是需要把它们看作日常的行为习惯，因为它们就是你日常生活中的一部分。类似诚实、幽默或者富于创造性的性格特点就是一些关于价值准则很好的例子。当我们按照我们的价值观采取行动时，我们就是在真实地行事，并与我们最深的动机和愿望保持一致。你会感觉拥有更多精力，收获更多满足感，因为你在做对你来说最重要的事情。随着时间的推移，整合行动和价值准则可以给你带来更强的协调性和意义，并培养你产生强大的、持久的目标感。所以关注并培养自己的价值准则可以在目标实现过程中以及目标实现之后给你带来强大的动力。

明确自己的价值准则可以让你在面临挑战时为自己的行动提供指导，并让自己的行为和价值准则保持一致。奥德莱·洛德（Audre Lorde）说过，"当我鼓起勇气，用自己的力量实现愿景时，恐惧就无关紧要了"。当你有了价值观作为基础，你的动力就会增强，遇到阻碍或者自我破坏时，也不会给自己设限而导致半途而废。如果你有一个更大的目标，那么你可能愿意让自己暴露在不舒服的想法和感觉中，以获得更大的收获。这就在无形中削弱了潜在消极想法和情绪的重要性、紧急性和影响力，便于你继续追求自己心底的目标。但如果你没有明白自己受苦的意义，那么再渺小的挫折都会激发出强烈的逃避冲动，让你想尽快逃离这种不适感，不会考虑忍耐、承担甚至克服这一切。当你的行为与自己的价值准则不一致时，你会觉得不真实，日常生活也缺乏动力。

找出你的价值准则

每个人都有自己的价值准则，不同的价值准则体系会决定个体对于事物重要性和意义的判断。它们是你内心指南针的方向。个人的价值准则可能来自父母、信仰的宗教，甚至是流行文化。你也有可能突破父母的信念，形成自己的价值准则。你可能熟知自己的价值准则，也意识到它们对自己生活的影响，但很多人并不能与价值准则保持连接。我们可能不了解对自己来说什么是重要的，反而更熟悉我们的家庭、组织或整个社会的价值观。认真思考个人核心的价值准则有助于你主动引导自己的行为，形成自己的行为准则，还能影响自己日常生活的决策。价值准则为你提高并维系自我调节能力提供了坚实的基础。当你不清楚或者不尊重自己的价值观时，你更倾向于经验性回避，因为暂时麻痹自己或分散注意力在这一刻变得更有吸引力，因为你可能会被周围发生的任何事情所左右，而不是专注于对你来说最重要的事情。如果目标确实对你想要坚持的东西很重要，那么与你的价值观连接将有助于你克服不适。这样的连接非常重要，因为它可以帮你永久解决自我破坏的问题。

接下来的练习可以帮助你清楚地认识自己的价值准则，并将其收归己用。

------------------------------------- 练 习 -------------------------------------

巅峰时刻和对价值准则卡片进行分类的练习

本练习主要由两部分组成，它能够帮助你找出最贴近自己本心的价值准则。在步骤 2 中，我们曾简单地接触过马斯洛的需求层次理论，[10] 他的理论模型表明，某些特定的需求会对我们产生激励作用，有些需求比其他需求更重要。

马斯洛需求层级中的下面四个需求对我们来说有较强的激励作

用——当这些需求没能被满足时，我们很容易感觉焦虑和紧张。这包括诸如吃饭、喝水、睡觉在内的生理需求；安全需求；诸如友情和性亲密关系在内的社会需求；诸如自尊心和认同感在内的自我需求。这些较低层次的需求顺序是根据普通人倾向于满足的顺序来划分的，首先是生理需求，然后是安全感，归属感，以及自尊需求。马斯洛把整个金字塔中的第五层级需求称为"成长需求"，因为它不是把注意力集中在因为缺乏而要解决的问题上，而是源于作为一个人成长的愿望。当成长需求得到满足时，它能使一个人实现自我，或充分发挥一个人的潜力。自我实现要求个体与自身的价值准则相连接，比如诚实、独立、认知、客观、创意，以及创新。你在经历马斯洛所谓的"巅峰时刻"（peak moment）时，上述这些品质就会出现在你的感受中。

马斯洛需求层次

根据马斯洛的理论，巅峰时刻在自我实现的过程中扮演着重要的角色。巅峰时刻是指一种超凡的愉悦感，它与日常生活

中的事件不同，代表着"极乐与极满足的瞬间"。[11] 如果你做事游刃有余，轻松容易，没有任何压力，不需要保持全神贯注，[12] 或者感觉自己达到了完满和谐的状态，内心没有任何冲突和矛盾，[13] 这些瞬间往往就是巅峰时刻。对这类事件的记忆会持续很久，而且会对当事主体产生深远的影响。盖尔·普里维特（Gayle Privette）[14] 博士和其他研究者发现巅峰时刻有以下三个特点。

1. **意义重大**：巅峰体验会强化个体认知，甚至可能成为个体人生中的转折点。

2. **满足感**：巅峰体验会使个体产生积极的情绪感受，让个体感觉自己合二为一，削弱内生冲突。

3. **灵性**：在巅峰体验中，个体会感受到真正的平静，有忘记时间的感觉，因为他做到了专注。

巅峰时刻往往代表着高度的自我认知，而且在想法和情感之间达成和谐。它代表了高度的幸福和满足。请回想一下你感到极度满足，并体会到德性幸福的瞬间，这样的回忆有助于你找到关于你是谁以及你如何与世界联系的价值准则。

找到你的巅峰时刻

想要找到生活中的巅峰时刻，你可以这样做：舒舒服服地躺在椅子上，闭上眼睛，回想自己生命中的某段时期，当时一切事情都进展顺利，感觉充满意义，干劲十足，感觉人生美满。这样的时期可能只是你生命中的一瞬间，或者持续了很久……或许你觉得这是生命中最美好的一天。它可能是你大学毕业的那一天，结婚的那一天，努力争取升职最后如愿的那一天，或者是你成功跑完五千米的那一天。如果你感觉踟蹰不前，想想那些你和朋友、家人在一起的瞬间，曾多次告诉别人的某段记忆，或者独处时常常会想起的某些往事。请尽量在脑海中清晰地描绘出当时的画面：你当时在做什么，有什么感受，和谁在一起，周围的环境是什么样子；用自己的五感去体会当时的情景。一切就绪后，睁开眼，在笔记本上记录巅峰体验的细节。

找出巅峰时刻只是该练习的第一阶段。这样做能够帮助你知道何时会有这种巨大的满足感。下一阶段，我们会继续探索这种超凡体验背后的动力。剧透警告——答案就是价值准则！本练习（我最爱的练习之一）旨在帮助你构建一套自己的顶层价值准则，能够在现阶段对你产生影响，然后指引你活出自己想要的人生。接下来，让我们开始吧。

对价值准则卡片进行分类

在这个练习中，你要选择对你来说重要的价值准则，将它们按优先次序排列，然后将它们与在你选择的巅峰时刻出现的价值准则联系起来。这个练习非常有趣，让你回忆过去，与自己最开始实践价值准则的时刻产生情感连接。很明显，虽然价值准则能够影响我们的想法、感受和行为，比如影响我们的决策、从事的工作、社交对象，以及生活方式，但我们不会花费太多的时间去思考自己的价值准则。

对个人价值准则卡片进行分类最开始是由心理学家威廉·米勒（William R. Miller）和他的同事提出来的。[15, 16] 米勒博士和心理学家斯蒂芬·罗尔尼克（Stephen Rollnick）联合创造了一种名为动机访谈法（motivational interviewing）的咨询疗法，该疗法旨在帮助人们转换或改变自己有问题的行为习惯，从吃垃圾食品 [17] 到严重的临床问题，比如酗酒 [18]。认真对你的价值准则进行命名和分类，等到以后你对自己的目标进行抉择的时候，就可以将其作为标准。以价值准则为基础的目标对于自我破坏有着更强的免疫。你可以把附录 E 中的图表誊到一张卡纸上，然后裁成一个个小卡片，或者把价值准则写在索引卡片的下面。许多来访者都表示这个小手工活非常有用，也很有趣！通过对卡片进行分类带来的触觉体验可以让这个练习更有效，尤其是在价值准则经常让人感到抽象的情况下。你还需要准备另外三个卡片，分别标上"最重要""中等重要""最不重要"作为自己价值准则分类的条目名称。

世界上可能存在着数千种彼此不同的价值准则，但我将我的练习项目细化总结为 33 个最常见的价值准则。这个列表改编自路斯·哈里斯（Russ Harris）博士在他的价值准则练习 [19, 20] 中使用过的一部分价值准则，又结合了多年来我的经历，以及和家人、朋友、同事，以及工作中和来访者的谈话。为了帮助你更准确地判断哪条价值准则与自己产生的共鸣最强，我为每条价值准则都附上了简短的介绍。

1. **接纳**：以开放的心态接纳自己、他人和生活中的各种事。
2. **冒险精神**：主动去寻求、创造，或探索新奇的体验。
3. **审美力**：鉴赏、创造、接纳、享受艺术。
4. **果断**：捍卫自己的权利，不卑不亢地对自己想要的东西提出要求。

5. **真实**：尽管有外界的压力，仍然遵从内心的信仰和愿望行事。

6. **体贴**：体贴自己，体贴他人，关爱环境。

7. **挑战**：勇于承担困难的任务或问题，不断激励自己去成长、学习、提升。

8. **群体感**：参加各种社会或公民组织，将自己融入更大层面的群体中去。

9. **奉献**：热心帮助他人，持续用积极的力量去感化他人和自己。

10. **勇气**：保持勇敢，勇于直面恐惧、威胁或困难。

11. **求知欲**：以开放的心态去探索和学习新事物。

12. **勤奋**：做事一丝不苟，不轻言放弃。

13. **忠诚**：在人际交往中保持忠实和真诚。

14. **健康**：保持并提高自己的身心健康。

15. **诚实**：真诚待人，正直行事。

16. **幽默**：能看到并欣赏生活中幽默的一面。

17. **谦虚**：保持温和谦逊。

18. **独立**：自我支持，自主行事，能选择以自己的方式去做事。

19. **亲密**：在亲密关系中能够敞开心扉，通过情感或肢体方式分享自己的感受。

20. **正义**：一往无前地支持正义和公理。

21. **知识**：学习、运用、分享和贡献有价值的知识。

22. **闲暇**：能够花时间去享受生活的其他方面。

23. **掌控力**：能处理好自己每天的日常活动和业余爱好。

24. **有条理**：过着非常有规划的生活。

25. **坚持**：纵使面对艰难险阻，仍然坚持向前。

26. **影响力**：对他人或事物有强大的影响力。

27. **尊重**：体贴他人，礼貌待人，对于与自己意见相左的人也有足够的耐心。

28. **自控力**：为了长远的目标而用纪律约束自己的行为。

29. **自尊**：有较强的自我认同，相信自己的价值。

30. **灵性**：与身处的大千世界连接，在对更高力量的理解中成长和成熟。

31. **信任**：忠心、真诚、可靠。

32. **优秀品质**：生活中保持道德高尚，正直体面。

33. **财富**：积累并拥有财富。

制作好卡片后，把它们按之前写好的类别归为三类："最重要""中等重要""最不重要"。分类时请确保均分，这样每个类别下就会有 11 张卡片。在每个栏目下进行均分是常用的分类方法。这样做不仅看起来赏心悦目，而且会迫使你对它们的优先级进行区分。在练习中你也可以把 33 个价值准则全部归入"最重要"，但为了保证练习的效果和质量，我还是希望你根据自己的想法对它们进行先后排序。仔细思考之后，确保每张卡片都有对应的归类。这种分类不需要考虑对错——诚实面对自己的想法就可以。

当你把所有价值准则卡片都分类完毕，以 3×11 的矩阵呈现在面前时，看看最重要的 11 个价值准则，然后阅读笔记本上记

录的有关自己巅峰体验的细节。其中涉及或展现了多少个价值
准则？

最有可能的是，几个重要的价值观会在你的巅峰时刻反映出
来，这使你觉得它们在你的生活中更有意义。因为巅峰时刻会将
你的价值准则具象化，通过对此类经历进行回忆，你能更好地判
断自己的重要价值准则。与此同时，如果你能够一直依照自己的
价值准则去生活，那么未来你可能会在生活中经历更多的巅峰时
刻。巅峰时刻可以告诉我们什么对我们是重要的，而且如果能够
依照价值准则去生活，你就能够得到更多自我实现的机会。如果
你的巅峰时刻是你所在的足球队赢得了州冠军，那么"群体感"
和"挑战"可能是你最重要的价值准则。完成对价值准则卡片进
行分类的练习，然后将练习结果和巅峰体验的回忆进行参照比
较，这样可以帮助你判断自己最重要的价值准则，将其作为生活
和行动的重心，让你体验真正的幸福、成功和满足感。

比如，我们来看看托比如何描述自己的巅峰体验。请注意他
如何调用自己的感官来描述经历的细节和感受。这种描绘细节的
技巧和经验值得我们学习，将其用在描述自己的巅峰体验的日记
内容中——在他向我描述完自己的经历后，我立刻感觉身临其境。

"这事还要说回到几年前某个感恩节的晚上，我到当地一家
慈善机构的厨房去做志愿者。我当时正在切菜以备炖汤，可以听
见菜刀有节奏地碰撞砧板，闻到新鲜的胡萝卜、辛辣的洋葱和带
有泥土芬芳的土豆的味道。我身边围满了人，大家一边嬉笑闲谈
一边彼此帮忙，众人的喧闹声混着蔬菜汤、烤火鸡，以及烤面包
的芳香弥漫了整间屋子。我还可以依稀听见旁边人的笑声，那是
大家在打趣一个新来的志愿者忙得晕头转向，到处乱转。大家所

做的这些准备工作都很有意义，因为马上这些食材就会变成一道道精美的佳肴，被端上节日餐桌。饭菜准备工作完毕后，我们开始布置餐桌，在玻璃杯中倒满水，提前煮上咖啡。我们引导人们有序就座，依次端上饭菜和酒水，保证大家吃得舒心惬意。看着大家脸上洋溢的笑容，以及得到食物时向我们表达的感激，我心里颇为触动。那个瞬间，屋子里的每个人都是平等的，大家都是同一个集体的一分子，共同庆祝佳节。时间流逝，但我仍对那一晚记忆犹新，在那一刻，无论是和我一同工作的志愿者，还是享受佳肴的人，所有人的内心都彼此相连。那一次感恩节我至今难忘。"

托比的价值准则分类见下表。如你所见，大部分价值都与他在巅峰体验中感受到的价值准则相吻合。在他的 11 个最重要的价值准则中，有 7 项在回忆中得到了印证——亲密、群体感、接纳、奉献、尊重、自尊，以及体贴（后面标注了 *）。我们可以很清楚地看到，他最重要的价值准则就是与他人产生深层次的联系，从而构建更为稳定且更加积极的自我概念。

最重要	中等重要	最不重要
亲密 *	谦虚	坚持
群体感 *	优秀品质	幽默
诚实	忠诚	挑战
接纳 *	正义	勇气
奉献 *	求知欲	掌控力
尊重 *	审美力	有条理
自尊 *	自控力	闲暇
体贴 *	勤奋	灵性
独立	健康	影响力
信任	果断	冒险精神
知识	真实	财富

通过这个练习，托比认识到，"亲密""群体感"并不是他日常生活的一部分。实际上他发现，不断逃避各种社交场合的行为模式反而无法让他得到真正想要的东西——这种情况已经持续了很多年，而他不愿承认。

托比主观意识的觉醒就是一个很好的例子，它体现了花时间去了解自己价值准则的重要性。巅峰时刻提供了一个观察窗口，借此你可以了解自己的动力来源，它也是你辨识自己价值准则的捷径。当你的动力和意志力耗尽时，当你需要帮助以避免自我破坏时，每天与自己的价值观联系起来会帮助到你。它会让你做的每一件事都有价值，因为它会指向你最珍视的价值观，帮助你过上真正让你自豪的生活。

信息汇总

对价值准则卡片进行分类的练习非常重要，因为它让我们与自己的价值准则产生实实在在的连接，如果以前你没有好好花时间思考或者观察这些价值在生活中如何体现，只会觉得它们非常抽象。因为价值准则会影响我们的行为和决策，所以如果我们不能仔细慎重地考虑自己的价值准则，就很难彻底改变有问题的行为。如果你能够了解自己在健康、工作、人际关系和其他生活各个重要方面的重心，就能够更加轻松地应对生活中的各种情景和挑战，保持正直，坚定本心。它帮助我们始终记得我们是谁，我们想成为怎样的人；如果你知道寻求快速解决问题的方法，或者逃避让人不舒服的想法或感受会违背你的个人理想，你就能尽量不做出这样的行为。

现在你已经识别出了对自己来说最重要的价值准则，是时候将其付诸实践了。请记住，如果你能够在日常生活中准确无误地发现自己的价值准则，那么它将可以同时持续增强你的动力和意志力。当然，并不是简单地列出自己的价值准则就可以了，你需要在日常生活中遵守自己的价值准则。根据卡片分类的结果随身携带最重要的准则卡片，把它们装在钱包或者小包里，这样能够提高你对自己价值准则的意识，时刻提醒自己规范言行。后文我还会提供更多方法来帮助你与这些记录在卡片上的价值准则保持密切联系。

当你制定并细化自己的目标时，价值准则卡片可以帮助你提高注意力。如果你在制定目标之前就能明确自己最重要的价值准则将很有帮助，因为以价值准则为导向的目标，更有可能在你追求并最终实现这些目标时给你带来最大的满足感。如果你的目标与这些价值观相关，那么这些目标对你而言会变得更有意义、更重要。以价值准则为基础，可以减少我们在努力实现一个具有挑战性的目标时所感受到的矛盾心理。（我们之前讨论过，大部分的重要目标都会引发这样的状况。）如果你制定的目标是以价值准则为基础的，那么内生的趋避冲突就会减少或消失；通过意识到完成目标其实反映了你对自己核心价值的认同，内心的疑问也会消散。对大多数人来说，对价值准则卡片进行分类的练习可以帮助他们更好地进行决策，因为清晰的价值准则能给人明确的方向。价值准则就像标识方位的地图——遵循地图的指示以确保你前进的方向正确，即使这意味着有时你需要越过沟壑荒径，但仍然会坚定地走下去，因为你知道只有这样才能到达目的地，得到自己想要的东西。从本质上来说，你更愿意付出努力，甘愿承担风险，勇于跳出舒适圈，实现自己内心深处的目标。

虽然你的许多最重要的价值准则可能在很长一段时间内保持不变，但它们可能会出现周期性的变化，你如何按优先顺序排列你的价值准则也可能会改变，这取决于特定情况下的利害关系，或者一个明确的目标在你生命中的特定时间是否特别重要。我建议你每个月都做一次价值准则卡片的分类练习，以确定在某段特定时间中对自己来说最重要的价值准则。此外，我建议你在笔记本上按顺序列出对自己最重要的 11 个价值准则，然后把列表誊到另一页上，撕下来放在其他地方，比如床头柜、浴室镜子旁边，或者冰箱门上，确保随时能够看到。如果有变化，重新写一张，标注好日期，然后和原来的列表进行对照。

接下来的三个练习可以帮助你将自己的价值准则付诸行动，并且从四个方面（标准、监测、动机、意志力）提高自我调节能力。

快速练习：密切关注自己的价值准则（10 分钟）

看看现在列出的对自己来说最重要的 11 个价值准则的排序

清单，再找出最重要的三个。单独给每一条准则制定感官提醒。用多种方式（以自己的五感为媒介）表达自己的价值准则可以更好地将它们具体化，也更方便你强化记忆。下面的内容有助于你开始练习。

视觉

- 把电脑壁纸设定为体现自己价值准则的话语或图片，每次用电脑的时候就多看几次。
- 找一张能代表自己某项价值准则的图片。把它放在一个你每天都能看到的地方——笔记本里、桌子上、手机里、钱包里。

听觉

- 用能代表你一个或者多个价值准则的音乐创建一个歌单。养成习惯，每天至少找机会听一遍，比如在做运动或者冥想的时候。

嗅觉

- 用某一种很好闻的味道来表示你的价值准则（比如某个特定的香薰蜡烛、古龙水，或精油）。当你觉得需要额外的动力和意志力时，把它们拿出来闻一闻。

味觉

- 用某一种食物体现价值准则。可以一边用心享受食物，一边思考其所代表的价值准则。

触觉

● 用某个小饰品、一个纪念品、一小块布、一件最爱的
毛衣、一个装饰物、一枚硬币，或者任何你喜欢的东
西来体现价值准则。每天拿出来看一次。用手去触摸
它，提醒自己它背后所代表的价值准则。

短期练习：价值准则日常检查（接下来的24小时）

你不仅要时刻关注自己的价值准则，同样需要知道应该在何
时，以何种方式去实践价值准则。

本练习会帮助你在一天开始和结束这两个时间段与自己的价
值准则产生连接，通过对过去24小时的回顾，判断自己的行为
是否与价值准则契合，采取的行动是否以价值准则为目标。这样
做有助于你将遵守价值准则变成一种日常习惯，通过建立小的动
机来让你形成自我调节能力，并与可以帮助你充分利用意志力、
执行意向的另一个练习相联系（见步骤4）。

早上醒来后，把对自己来说最重要的三个价值准则写在
一张纸上，然后放进钱包里。这天结束后（我通常是在晚上下
班回家的路上来做这件事），在脑海中反思一下这三条价值准
则，问问自己一天中具体做了哪些与这三个价值准则相契合的
选择。

如果每个价值准则你都能想到至少一个对应的例子，很棒！
这说明你的生活和自己最重要的价值准则相契合。相反，如果有

些困难，那么请至少想一件明天（或者接下来的半天中）可以让自己的行动与价值准则和目标更加契合的事。试着将这个目标按"如果/当……那么……"的形式表述（见步骤4），确保有后续行动。

托比发现过去的一整天，自己没有一个具体的决定或者行为能够与"亲密"相契合，而这是他最重要的价值准则。在思考了一会儿之后，他决定上班的时候给自己的好朋友打个电话关心一下，因为这个朋友一直在处理一大堆家庭琐事，此时朋友应该很需要托比的支持和关心。托比打电话过去后，两人聊了差不多20分钟。托比一直在聆听对方向自己倾诉最近生活中遇到的问题，自己也适时提出了一些建议。电话打完后托比感觉自己很高兴，因为刚刚的谈话不仅契合他的"亲密"价值准则，同时支持了他的"奉献"价值准则，而这在他的列表中名列第五。

这通与朋友的电话同样有助于提高托比的"自尊"，这在他的价值准则中名列第七。所以这个简单的举动不仅有助于托比与自己最重要的价值准则产生连接，同时体现了另外两个在他列表上出现的价值准则。仅仅联系了一下朋友，就同时强化了三个重要价值准则，这个小小的举动简直可以说是物超所值！你的行动所能体现的价值准则越多越好——所以我建议你在做出行动决策前好好想一想能否同时体现两种价值准则，这样可以将每个行为决策的效果最大化。

长期练习：制定价值准则导向型目标（之后的一个星期）

本练习将会帮助你养成制定价值准则导向型目标的习惯。这样做可以防止你陷入经验性回避，还可以强化你的自我调节能力，尤其是其中的动力和意志力。在接下来的七天中，每天专注于你 7 个最重要价值准则中的一个，并写下与该价值准则相契合的待办目标。这样做可以确保你当天的实践活动处于自己的价值准则引导之下，而不是去做一些和自己价值准则没有什么联系的事（如果你执意要去做这样的事，很有可能体会到兴趣减弱，或者动机与目标不相符）。

艾丽丝完成这个长期练习之后，写下了 7 个重要价值准则，列出了在接下来 24 小时中需要完成的目标，这个小目标有助于帮她实现收获一段完美恋情的最终目标。她确定自己定好的目标都与对应的价值准则相契合。

天数	价值准则	目标	是否完成
1	亲密	和朋友约一顿晚饭，促进彼此的感情（非恋爱关系）	完成，和一个已经好几个月没见面的大学同学约了一顿晚饭
2	求知欲	接受第一次相亲后我放弃的那个人的二次邀约	完成，约好和上个星期的相亲对象去喝咖啡
3	冒险精神	今天在交友网站上发布新的个人信息	完成
4	接纳	告诉一个与自己意见不合的朋友，我接受两人的分歧	还没有——准备下一次碰到他聊这个话题的时候再说
5	群体感	参加本地环保组织举办的徒步活动，结交一些志同道合的朋友	完成，而且和另外两个组员交换了电话号码，约好下次一起徒步
6	自尊	在正念练习中多使用积极的肯定	今天早上完成
7	健康	报名参加我一直想试试的瑜伽课程	完成，昨天去了，体验极佳

可以看到，她的有些目标是针对自己的，其他的则是用于维护自己的非恋爱人际关系，但所有目标都是为自我提升服务的，而且能够让她活出符合自己那些最重要价值准则的"美好生活"，这样她才能够做好准备，在真正的机会出现时果断出击，收获自己想要的完美恋情。

本练习可以有效确保你的所有目标都能直接与自己最重要的价值准则产生联系。而且你也看到了，目标不需要多么崇高。那些微不足道的、成功率高的，甚至在几分钟内就可以完成的小目标能更好地帮你活动自己的"目标实现肌群"。当然，你也可以设立那种需要花费好几天甚至一个星期才能完成的目标，但不管怎样，关键点在于我们需要以遵循自己价值准则的方式度过生活中的每分每秒。比如，你的价值准则是群体感，那么你现在就可以发邮件给自己最亲密的朋友们，让大家出来聚一聚；如果你的价值准则是求知欲，那么你可以读一读自己感兴趣的专栏文章；如果你的价值准则是亲密，那现在就去给伴侣一个大大的拥抱。

————

当我们遵守自己的价值准则时，我们的自尊心和自我概念会自然而然地得到强化——如果你正与 L.I.F.E. 中的"自我概念薄弱／易动摇"做斗争，这也可以算是一点小奖励。

价值准则对于减少自我破坏非常重要，原因如下：在你感觉自己可能要出现自我破坏的一瞬间，在你做出可能让自己走下坡路的行动之前，可以先深呼吸平静一下，回忆自己最重要的价值准则，在那时做出决定，一定要依照自己的价值准则去生活，通常这样就能够在你即将出现自我破坏的瞬间把自己拉回来，转而做出更有利于自己的行为决策。

接下来呢

我建议你至少每天一次，把自己的价值体系用一些小方式表现出来，这样阻止自我破坏的内在动机会被激活，你在矛盾和怀疑面前可以坚持自我，做出长期的改变。我知道实现目标的过程伴随着恐惧，这样的情感很可能会让你止步不前。但如果了解自己最重要的价值准则，知道依照这些价值信念去生活有多重要，那么当你遇到艰难险阻时，才会更有坚持下去的动力。当你采取了与自己价值准则相契合的行动时，你也能体会到更多的巅峰时刻，摆脱自我破坏的烦恼，每天都充满成就感。

现在你应该知道，在推动你实现目标的过程中，价值准则扮演着至关重要的角色，同样能够给予你力量，长时间防止出现自我破坏。确定价值准则只是第一步，现在只要你愿意，随时可以把它们付诸实践，在生活的各个方面遵守自己的价值准则。接下来，你要把在本书中所学的所有内容融汇到一起，制定终极的自我破坏克星——改变的蓝图。

第 6 章	**步骤6**
	构筑改变的蓝图

　　这是本书理论模型的最后一步了！在这一步里，我们将引入一个全新的拓展练习，该练习会综合我们之前学习过的所有练习内容。现在你的笔记本上应该已经写满了各种阻碍自己实现目标的想法、感受、行动，以及相关的条目和练习内容。根据前面学习过程中所付出的努力，现在你应该能够更加清晰地感知自我破坏触发因素，清楚该采取何种措施防止其进一步触发自我破坏行为。通过监测这些反复出现的自我破坏循环，你已经构想出了相应有利于自己实现目标的替代性行为。你也知道了如何清晰地描绘成功的图景，前行道路上

有何种阻碍，以及如何实现和自己价值准则最为契合的目标。如果目标与自己的价值准则相契合，你的标准会更严格，自我监测也会更有效，而且动力十足，有充足的意志力去抵御经验性回避的陷阱。你的自我调节能力会一如既往地强大，而最后成功的喜悦以及随之而来真切长久的幸福，也都会尽在你掌握之中。

最后一步就是把你现在学到的所有概念和技巧整合起来，然后为自己量身制作一份"改变的蓝图"。这份蓝图应当由各个不同的部分组成，好比绘制一份房屋设计图——细致严谨、井井有条，依托坚实的地基向上搭建。请好好花时间设计这份蓝图。基础打得越扎实，你的自我破坏阻止计划的结构也就越稳固。为了实现内心深处的目标，你需要倾注大量的时间和精力，认真打好基础，构建起新的上层建筑。这个新的上层建筑就是新的自我，它能够帮助你弄清楚该如何阻止自我破坏，转换自己的思维，去追求你在人际关系、职业，或者其他方面所渴望的成功。

最终练习：构筑改变的蓝图（60 分钟）

当被问到该如何去实现最好的生活时，许多人可能会使用"愿景板"——用图画、照片或词句等方式在生活中展示自己的各种目标，使目标清晰表现出来的可视化愿望清单。它能够帮助你将各种愿望以实体形式展现出来，但我们同样需要知道，实现目标的具体过程要远比做时间规划更加复杂。诚然，愿景板可以为你提供动力，但你并不能从中直接学习到实现目标所需掌握的具体措施和步骤。成功的关键在于清晰构想加上缜密行动，而这也是本练习所关注的。

你应该在蓝图上列出所有阻止自我破坏的必要技能。我敢保证，等你创建好自己的蓝图后，如果你再次面对过去曾困扰你的问题，只消看一眼你就可以发现问题所在，并且能够立即想出应对之策，从而一劳永逸地解决这些问题，帮助自己做出更有利于实现目标的行为决策。

很多来访者都曾表示，把蓝图画在大的硬纸板上是个不错的选择，整幅图是大还是小，是否进行装饰等都随你个人意愿。如果你喜欢用黑色的马克笔在白板上涂画，那就去做吧！如果你觉得强烈的视觉刺激可以带来更好的练习反馈，那么可以使用彩笔、马克笔、图片、便笺、剪贴画等（你想用什么工具都可以）来代表各种不同的元素或内容。如果整个版面看起来赏心悦目，使用起来也充满乐趣，你可能就会更乐意多多使用这份蓝图。而且如果你把它摆在一个比较显眼或者经常会注意到的地方，就能时刻提醒自己用这个工具去阻止自我破坏，这样当你踏入恶性循环时，也能够做好准备，随机应变，采取不同的应对措施。

除了纸板和其他辅助工具，你也可以随身携带笔记本，它同样能够帮助你回顾并参考之前记录过的练习反馈。不管你如何装饰自己的蓝图，最后的成品看起来应该大致是下页图那样。

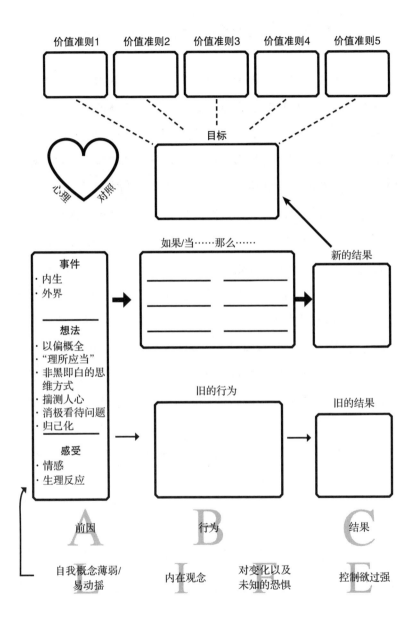

绘制自己的蓝图：从价值准则开始

在步骤 5 中我们已经学习过，价值准则是获得持久、有意义的德性幸福的终极奥秘。和享乐幸福不同，个体所能体验的德性幸福程度和水平是无限的。而且与自己价值准则的联系越紧密，你能收获的满足感也就越多。你的所有行动都应当以自己生活中的目标为出发点，这也是我们绘制蓝图的立足点。

在整张纸的顶部写下你蓝图的标题，比如"贝丝保持健康体重的蓝图"，然后在标题的正下方，从左往右画五个方框，把你认为最重要的五个价值准则填进去。在理想条件下，你最想实现的目标和最重要的价值准则之间必定有所联系。你的目标可能和这五个价值准则中的某两个契合程度特别高，而与其他价值准则联系较弱，但至少要确保自己的目标和价值准则之间不存在冲突。以填入五个最重要的价值准则为开始绘制蓝图，你已经为自己的成功奠定了基础，这样的成功能让你产生强烈的满足感，指引你成为更好的自己。步骤 5 中提到的"对价值准则卡片进行分类"练习可以帮助你确定自己认为最重要的五个价值准则。

价值准则

接下来，添加你的价值导向目标

你在读这本书之前，脑海中可能已经有了一个具体的目标，你可能很想实现这个目标，但是由于自我破坏一直没能如愿。现在你已经理出了最重要的五条价值准则，请重新思考自己的目标。为了能在最大程度上提高效率，降低自我破坏被触发的可能性，你可能需要对自己的目标重新做出一些调整。最重要的一点是，必须反复检查你的目标，判断其是否建立在价值准则之上，因为只有这样才能提高你的自我调节能力，并确保你的动力和意志力水平能够随着时间的推移不断提高。然后，确保你设立的目标符合 S.M.A.R.T. 要求（参见 26 页）。目标要尽可能详细，保证整体进度能够得到量化评估，明确目标的行为主体，确保整个目标贴合现实，整体时间框架清晰无误。

目标和价值准则之间应该是相互共生的关系——彼此互为支持。如果你的目标和价值准则之间有紧密的联系，你就能够在整个目标实现过程中始终保持兴趣，坚定执着，也更愿意忍受这一路走来可能遭遇的困难和艰辛。如果一个目标与你内心中最重要的价值观相契合，那它必定有深远的意义，因为它代表着你理想状态中最完美的自己——它会让你在思想和行为方面与自己的理想状态保持一致。

理想条件下，你的目标会"反哺"这五条价值准则。

把你的目标写在这五条价值准则的正下方，在每个价值准则方框下画一个箭头指向自己的目标。这些箭头可以随时提醒你，在自己的目标和价值准则之间存在着连接和互动。

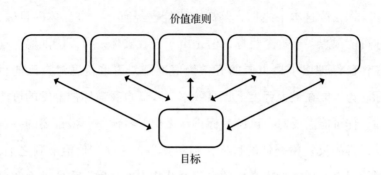

回到 L.I.F.E.

现在你已经知道了自己的目标是什么，一定要牢记自己的初心，这一点非常重要。L.I.F.E. 中的各个因素会通过各种方式触发我们的自我破坏行为，比如生成各种类型的想法和感受，或者让你处于某些特定情境。把 L.I.F.E. 因素写在整个蓝图的最底部，代表它们是导致自我破坏问题的根源之一。我们在引言里提到过，这些影响因素会导致你在趋利和避害（指导人类生活的两条基本准则）间的失衡。把这四个影响因素列在最底部，是因为它们可能会侵蚀你的"根基"，对你新构建的"上层建筑"产生威胁。所以仔细想一想，自我概念薄弱 / 易动摇、内在观念、对变化以及未知的恐惧，以及控制欲过强是不是偶尔迫使你倾向于避害而非趋利？你可以看看自己笔记本上对"当 L.I.F.E. 拖了你的后腿"（见 25 页）这一练习的反馈记录，回想一下之前的经历。

对于这四个触发性极强的因素，请简要记录为什么该影响因素会对你产生这么大的困扰。补充一些具体的细节，细节可以帮助我们及时发现这些触发性因素，并且帮助我们在这些因素开始影响自己的思维、感受和行动时快速发现它们。

如果你的父母或者你身边的其他权威人物过于严苛，那么你自我破坏的根源可能是自我概念薄弱 / 易动摇。这时候你就可以在蓝图的 L 部分写下这样一句话："对自己的能力缺乏信心。"尽可能多地在蓝图上补充 L.I.F.E. 对自己的影响，也尽量多添加细节。另一个判断这些负面影响的方法是倾听自己脑海里的声音。当我们向着目标努力时，脑海中可能总会有一个声音阻挠着我们前进，把这个声音说的话记下来。再强调一遍，细节在这里很重要，因为如果你不能直接、正确地找出问题根源，这些影响因素就会持续对你产生影响，触发你消极的行为模式。把它们写在蓝图上可以帮助你了解它们对自我破坏的影响。完成这一步记录后，请在该影响因素的正下方至少再列举出生活中的一个例子，用于记录你在现实中如何逆向推翻这一影响因素，从中吸取经验，思考以后应该怎样克服这些影响。比如，如果你在"I"（代表内在观念）的圈中写下了"觉得自己工作中缺乏能力"，请立即在正下方写下一个可以反驳的例子，例如最近在工作中取得了很大的成就。什么例子都可以，只要能够帮助你质疑原本的消极内在观念即可。你还可以写，"年终总结的时候受到了表扬"，或者"最近被提拔为小组组长"——任何事都可以，只要能够帮你意识到 L.I.F.E. 思想会被动摇，哪怕一点点。

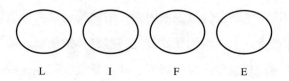

L   I   F   E

旧 ABC 流程：诱发性前因

负面的 L.I.F.E. 因素可能会进一步导致 ABC 流程的问题。具体来说，特定的前因可能会触发你的自我破坏行为，而这一行为所引发的结果又会在不经意间重新触发整套恶性循环系统。我们主要把前因细分成三大类，包括事件、想法和感受，写下符合你自身情况的大类。综合考虑三个大类和其下可能出现的其他小类。请记住，事件分为内生事件（比如记忆）和外界事件（一种出现在你自身之外的情境，也可能是周围环境的一部分）。请记住，自我破坏触发因素是可能包含了以偏概全 / 小题大做、"理所应当"、非黑即白的思维方式、消极看待问题等影响因素的想法。你可以回看前面我们讲过的内容做参考。

感受可以细分为两种表现形式：情感以及生理反应。回头看看你在前几步学习中所做的笔记，看看在每种前因下，你具体列出了哪些感受表现形式，然后举出每种前因对应的具体例子并记在蓝图上。具体来说，你可以参考自己在步骤 1 进行的自我破坏触发因素练习以及步骤 3 中对于 ABC 流程的学习内容。请留意建立型操作（见步骤 3），它们会提示你该前因何时会更有可能让你脱离正轨，因为建立型操作会放大避害欲，进而让你产生比一般状态下更强烈的逃离冲动，想摆脱眼前的不适。我建议你在步骤 3 中识别出来的三个最重要的建立型操作旁画上小五角星，以表示对其应特别关注。这一部分的内容可以记录在你蓝图中间偏左的位置。

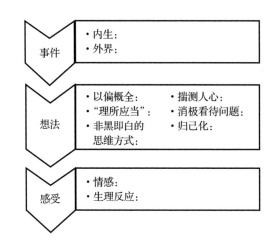

旧 ABC 流程：行为及其结果

接下来，在"事件 – 想法 – 感受流程图"的右边画一个箭头指向另一个方框，在这个方框中写下由该前因引发的旧的行为。这些旧的行为是你在阅读本书以前就可能经历过的自我破坏行为。从当时的情况来看，你采取这些行为似乎是为了进行自我保护，因为它们可以帮助你逃避令人不适的情境或情感，暂时不必去应对这些消极的想法，从压力、恐惧和悲伤中脱身出来，暂时摆脱困境。但是从长远来看，你会发现这样的行为阻碍了自己去实现目标，让人感觉情绪低落，而这样的心理状态在后期又会触发你的经验性回避。

再画一个箭头，从这些旧的行为指向下一个方框，在方框中写下这些行为所带来的结果。这一部分蓝图能帮助你找出自己不断重复某些行为的原因。这些行为究竟能帮你逃避或摆脱什么？随着时间的推移，这些行为是怎样被一步步强化的？它们又是怎样通过正强化和负强化过程被巩固的（见步骤3）？在第二个方框中写下相应行为的结果。

打个比方，假如你在本该完成工作或参加其他活动的时间沉迷于追剧，你可以在"旧的行为"方框中写："沉迷于看电视剧"。在"旧的结果"方框中写："不用去考虑自己可能会搞砸工作项目"，以及"逃避可能因工作表现不佳而带来的焦虑感"。

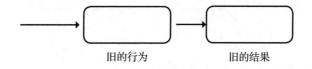

旧的行为   旧的结果

重写脚本：执行意向

改变必然会带来一定程度上的认知失调，所以在进行重写之前，你必须弄清楚此时自己的出发点是什么，目的地又是哪里。所以请花一些时间好好想一想你能从这个目标中收获什么，是美好的感受或者体验吗？然后将对未来美好的展望同当前的现实状况进行比较，找出实现目标的阻碍。你在将未来和现实的情况进行比较时，可以采用一些简单易记、触发性强的意象，它们能帮助你快速发现两种情境的不同。打个比方，假如你的目标是想和一个符合自己"家庭"和"尊重"价值准则的人展开一段正式的恋情，但问题是你过于吹毛求疵，在第一次相亲结束后就不再给对方任何机会。那么你可以想象这样一个场景：一对脸上洋溢着幸福笑容的夫妻站在另一个单身汉身旁，摇着他们的食指，或者居高临下地打量着对方，以这样的情境来代表未来和现实之间的鲜明对比。具体的心理对照内容见 171 页。

现在你对自己的目标有了更清晰的设想，对自己的现状也有了更深入的认识，请写下一些具体的"如果／当……那么……"表述。它可以帮助你直接排除自我破坏触发性的前因，这样在之后面对这些突如其来的潜在性阻碍（比如事件、想法和感受）时，你就已经有了可行的应对方案。提前重新写好的这些"脚本"可以成为你的新 ABC 流程，帮助你实现目标，走向成功。

部分人在"那么……"部分中可能会加入一些从步骤 2 中学习到的消除自我破坏触发因素的方法，比如质疑、调整，以及减少负面影响，或者采取其他策略（同样见步骤 2）等来重置自己的感受调节器。还有部分人可能在"那么……"部分中添加自己在步骤 6 中学到的替代性行为——一种能够阻止你触发自我破坏旧行为或惯常性行为的新行为。打个比方，假如现在困扰你的旧行为是每当劳累了一天（特定前因，建立型操作）下班回家，在路上经过最爱的快餐店，你都会跑进去买汉堡和炸薯条吃。那么一个能够阻止你这些旧习惯的替代性行为则应当是这样：选择另外一条不经过那家快餐店的回家路线，避免自己无法抵挡美食的诱惑，进而对自己的健康饮食计划造成负面影响。还有一些人在"那么……"部分可能会要求自己重温本书其他部分的练习，以此作为自己的替代性行为——其中的一些练习确实能够借助物理手段阻止旧的自我破坏性行为发生。比如，为了阻止自己再去进行非理性的网上消费，你可以重新看看"对价值准则卡片进行分类"的练习（见213页），再次巩固自己与价值准则之间的连接。另外，整个分类练习需要你动手，所以在进行练习的时候就会阻止你去继续点击浏览网页。在你完成练习，并通过识别价值准则改变了自己的想法后，可能也会更容易地抵制购物的诱惑，因为你会发现这样的行为和你的生活驱动力不符，这样的行为也不会赋予你的人生以意义和目的。

执行意向	
如果 / 当……	那么……
如果 / 当……	那么……
如果 / 当……	那么……
如果 / 当……	那么……

新的结果

这是整个蓝图规划过程中的高潮，因为你将在这里描绘出自己期盼的未来，让自己离目标更近一步！回想一下前期的整个理论学习过程，以及你在构筑蓝图过程中所付出的努力、做过的准备，是它们共同帮你来到了这样一个关键的转折点。现在你应该已经充分认识到了 L.I.F.E. 因素对自己的旧 ABC 流程所造成的影响，并通过"如果 / 当……那么……"的表述来对抗自我破坏行为。现在我们假设你的目标是收获一段完美的恋情，而你觉得对变化以及未知的恐惧以及控制欲过强这两个因素构成了阻碍，使你不能以更加开放的心态去面对相亲约会，你一次又一次地在初次相亲结束后就匆匆下了定论，对别人失去了兴趣。为了改善这种情况，你制定了一系列执行意向，确保给每个人第二次机会（前提是他们没有犯罪，或者与自己基本的价值准则基本一致）。因为你决定要多坚持一段时间（而不是在一开始就放弃），这样你才更有可能找到自己的理想伴侣。

写下新的结果这件事本身就能让人产生强烈的满足感，因为你以这种方式郑重地总结了自己为实现最终目标所付出的各种努力。它缩短了你的愿望（自己心中本能地被唤起的愿望，见 176 页心理对照练习部分）和目标之间的距离，也清晰地指明了这两者之间的路径，因为在实现目标的路上，你所期待的结果可以被看作重要事件。在蓝图上写下你期望的未来，这就在无形中为自己想要实现的成就铺设了成功的基础和框架。

如何使用这个蓝图

现在你的手上握着你创造的产品，它帮助你清晰地罗列了自己手头所有具体且具有操作性的方案来帮助你阻止自我破坏的发生。你已经根据自己的实际情况量身制定了改变的蓝图，在使用过程中请遵循以下三个准则，确保其效用最大化。

1. **确保你每天都能看到它**。这份蓝图是一个视觉化的工具，它的作用不仅仅局限于激励，更能为你每一步的目标实现过程提供具体的指导和方法论。请确保你把它放在家里面每天能够看到的地方，比如自己常常路过的地方。我的来访者里有人把它放在浴室、卧室、书房、厨房或者其他每天多次驻足停留的地方，帮助自己时时回顾，把内容刻进脑海，让自己对整个蓝图的各个环节保持敏感。也有人把蓝图复印了好几份，贴在办公桌或者车上，确保自己从早到晚时刻都能在身边看到自己的蓝图。还有些人拍下了自己的蓝图，然后把图片保存到手机或者电脑上，确保自己时时看得到。不管你怎么做，也不管你把它放到哪里，最重要的就是每天都要严格依据该蓝图去指导自己实现目标，它能够支撑你的动力和意志力，提高你的自我调节能力，让你停止自我破坏。

2. **每天只关注一个环节。**我建议你早上起床后在自己的蓝图前停留几分钟，从中选取一个环节加以特别关注，作为当日阻止自我破坏的任务。比如，你可以在星期一关注自己的价值准则，在星期二关注 L.I.F.E. 因素，在星期三关注蓝图的心理对照部分。将整个蓝图拆分成不同部分，然后每天逐一学习，这样做可以帮助你更好地理解它的内容，而且如果当天你的生活或工作压力过大，这样的拆分式学习也可以减少由学习任务过多带来的压迫感。

我曾经也要求来访者把自己蓝图中的各个元素都写在索引卡片上，每天随机选择一张卡片放在钱包、口袋、皮包里。这张卡片可以用来提醒你自己当天的学习内容和主题，当你心中再次升起自我破坏的冲动时，可以迅速拿出卡片，大声读出上面的内容，提醒自己此时此刻为何要阻止自我破坏行为的发生，具体又该如何去阻止。如果某天你因为生活中的其他问题而倍感心力交瘁，那么这种学习方式也可以使整个蓝图的学习过程变得稍微容易一些。

3. **按需升级自己的蓝图**。随着时间的推移，你可能会发现自己蓝图中的某些环节需要进行升级以满足新的需求，原因可能是你生活中某些外在因素发生了变化，又或者可能在一些特定的事件背景下，你需要更加强调其他的价值准则，还有可能你已经成功实现了目标，现在准备着手去实现下一个新的目标。你可能发现需要重新调整心理对照，更新其中的意象或者提示语，又或者你感觉"如果／当……那么……"表述需要重写，从而能够更直接地引导自己实现目标。对于蓝图，你一定要牢记这样一条准则：如果你觉得自己停滞不前，或者在实现目标的过程中步调不一致，那就必须好好检查一下自己的蓝图，找出其中是否有需要修改的地方，确保其能够更有效。

结合他人的经验，我认为每隔两个星期可以抽出半个小时来认真检查一下你的蓝图，看看各部分是否发挥着作用，确保每个环节都能够反映你现在正为之奋斗的目标，该目标也一定要以自己的价值准则为基础。检查时间不用持续太久，但是请提前规划好时间，这样就可以确保你的蓝图适用于解决当下面临的问题，而且如果没有达到预期效果，你也有足够的时间做出调整。在完成了一个目标后，你可以为自己的另外一个目标或者生活中另外一个正饱受自我破坏困扰的领域绘制一份新的蓝图。随着时间的推移，你会对自己的蓝图越来越熟悉，使用起来也更加得心应手，之后你甚至可以同时应对两个目标，而且针对每个目标都能绘制不同的蓝图。

接下来呢

改变的蓝图综合了你能在本书中学到的全部关于战胜自我破坏的内容。它是你目标的视觉化呈现，说明了你的目标和价值准则之间是如何相互影响而又彼此强化的；它帮你判断了自我破坏的源头，找出当前生活中让该问题继续困扰你的其他触发因素；它标记出了你想要消除的自我破坏性行为，而且用其他类型的行为加以替代，帮助你实现目标。

蓝图是一个包罗万象的工具，更是你走向成功的个人秘诀。无论你是在反思自己的目标，还是想去着手开始一个新的目标，都可以采取这一方法。无论你何时遇到了自我破坏，无论是关于人际关系、职业问题还是健康问题，一定记得要用蓝图加以应对！要相信自己付出过的努力，要坚信这份蓝图可以指导你的思想和行动，帮助你在健康、职业、人际关系或生活的其他方面做出积极的改变！

总 结
回首过去，展望未来

当你刚开始本书的学习时，你会疑惑，为什么自己会做这种事？现在你知道了，每个人身上存在着避害的人类天性，它会如何与你的趋利欲产生冲突；你身上的 L.I.F.E. 因素如何影响了你的思维运作方式，有时你甚至会以有意义、高效能的生活为代价，去逃避不适。你也知道了这些自我破坏的经历是多么频繁，又多么顽固。

你同样知道了应该如何应对。不管过去的事情如何发展，现在你已经有能力去识别自己的自我破坏触发因素，并将其扼杀于萌芽之中。你可以重构想法、感受和行动之间的联系，帮助自己扫清实现目标路上的障碍。通过清晰透彻的方式去评估你前路上的各种阻碍，你可以提前预测并解决阻碍自己前进的难题，制订周密的计划，用目标导向型行为去替代原有的自我破坏性行为。同样重要的是，你已经将价值准则作为生活的重心，推动自己的行动。

改变可能伴随着恐惧，但我们要勇于面对它们。因为毫无疑问，任何值得你追求的目标都伴随着潜在的怀疑、恐惧、困惑或者不确定性，所以你必须做出决定：你知道在这个过程中会不可避免地经历各种困难和不适，但你愿意就这样放弃自己的梦想吗？或者你是否对自己将要遇到的挑战做好了准备，坚信即使历经坎坷和磨难也能够战胜困难？

我知道，在你的内心深处，你还没有放弃自己的梦想。而且我相信你能够实现它！你已经朝着自己的目标迈出了第一步，你现在已经习惯了去识别阻碍自己前进的影响因素，也知道不能沉迷于眼前一时的快感。我的六步骤理论模型可以帮助你理解过去为何会做出自我破坏性行为，并且可以帮助你学习新的技巧来改变自己的行为，调整自己的思维方式，确保你在遵守自己最重要价值准则的条件下实现自己的目标。

我希望你不仅仅是被激励，而且能够真正在自己的生活中做出持久的改变。你在前进过程中所取得的每一个小小的胜利都值得喝彩，而且请记住，你每向前踏出一步，都是向永久解决自我破坏问题迈出了一大步。我对本书最大的期望就是它能够帮助你磨砺决心，重拾信心。你不再需要因为自我破坏而懊恼，也不必再感到无助，或者在实现目标的过程中倾向于避害。你应该感觉自己充满了力量，破除自我破坏的工具就掌握在你的手中，你值得拥有自己想要的生活！

　　现在你已经完整地学习了一遍理论知识，也已经熟悉了所有帮助你成功的工具，但是为了保持胜利成果，你需要不断地实践这些技巧。不管在本书理论学习的过程中有多么认真，你都需要花费大量的时间才能将主动识别自我破坏触发因素这一行为习惯变成你的第二天性。千万不要放弃！和生活中的其他任何技能一样，实践是确保你不会退步或遗忘所学知识的必要手段。在此提醒一下，我建议你至少每隔一个月就重温一下书中的快速练习、短期练习或者长期练习。当然，在日历上写一个提醒，在每个月同一天做这件事，可能是最容易的。你可以随机选择要复习的练习，也可以参考自己之前的练习反馈笔记，看看哪个练习最适合自己，或者哪个练习对自己最有帮助，这样当你面临新的挑战时，就可以继续使用之前的练习。

　　做这些练习可以帮助你强化自己刚刚学到的新概念，重塑自己的思维，抛弃长久以来旧的行为方式。记住，你的大脑喜欢常规做事方法和习惯——以至于当你追求目标时，可能不会注意到你处于默认模式（也就是自我破坏模式）。当前你的自我破坏循环是慢慢建立起来的，所以当然也就需要大量的重复性和指令性工作才能将其破除，并以新的、更有效的行为方式来取代。定期实践这些练习才能帮助你的大脑——只有这样，才能让大脑适应新的常规，确保你通过阅读这本书想要实现的目标，以及今后生活中的其他目标，最终成功实现。

　　除了进行日常习惯性的练习，当你发现自己处在出现自我破坏行为的边缘，或者已经深陷其中时，要学会及时使用急救技巧。本书列出的众多练习，尤其是其中的快速练习，都是为了在这种时刻帮助你高效迅速地调整自己的行为（想要快速查看这些自我破坏克星，请参考附录B）。除了这些自我破坏克星，你还可以使用自己绘制的改变蓝图。因为所有关于你的目标、障碍和消除自我破坏的信息都记录在其上，这份指南无所不包，即使只是快速浏览一下蓝图的内容都能够帮助你纠正自己的思维，还能告诉你应该如何调整行为（尤其是其中你精心列出的一系列执行意向）。

　　我希望你能对自己的未来充满期待，而且我很有信心，你会倍受鼓舞，去寻求自己真正想要的东西：去收获更满意的恋情、亲情和友情；实现自己的职业目标；精神和体魄更加健康；实现自己生活中各个方面的目标和梦想。

　　你有自己的梦想，你也有实现这些梦想的工具。现在就开始行动吧，停止自我破坏，活出最好的自己！

附　　录

附录 A　改变的蓝图

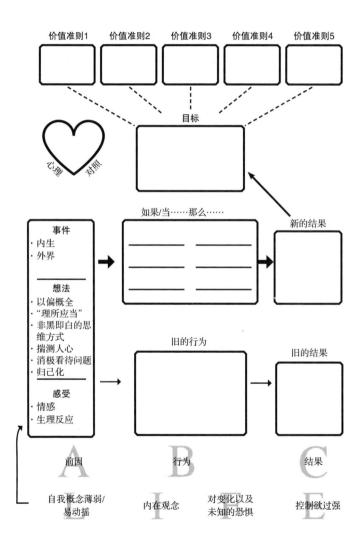

附录 B　自我破坏克星

本附录给你提供了一系列紧急情况下可以使用的心理学技巧，这些技巧能够在你即将出现自我破坏行为时及时干预阻止。每个练习的用时都限制在 10 分钟及以内，能在短时间内帮助你阻止或者避免自我破坏。我总结了一系列你在本书中学到的快速练习，也附加了一些新的练习。我建议你先尝试一遍所有练习方法，这样在需要的时候可以方便地调用。每星期选择其中的一个练习多练习几遍，从中选择出自己最喜欢的方式，在必要的时候消除自我破坏。

练习：关注 ET × ET

所需时间：10 分钟

有助于你：在自我触发因素出现时及时做出反应。

简要说明：如果你发现自己开始感受到悲伤、失望、愤怒、焦躁或者其他各种负面情绪，请大声地将这种情绪（emotion）说出来，或是在脑海中默念（然后记录到笔记本上）。之后在脑海中回忆，看看能否回想起触发该情绪的想法。再次回忆一下在这个情绪被触发的前一秒——具体发生了什么？仔细思考，然后在你的笔记本中记下相关事件（event）的细节。最后把注意力转回到想法（thought）上，试着把它们归类为某种触发因素（trigger），然后将其写下来。

练习：想法之云

所需时间：10分钟

有助于你：把想法看成一种精神产物，而不是自己必须要采取行动或者做出反应的事物。

简要说明：做几轮深呼吸，有意识地去感知自己的吸气和呼气，认真对待脑海中浮现的想法，加以观察。静静地看着自己的想法往来，不必干预，无须评判，更不必做出反应或者刻意阻止某类想法的产生。相反，请怀着好奇的心态，如同看戏一样去观察自己的每一种想法，你在认真观看，但是并没有随着其情节的展开而参与其中。在任由自己的想法经过几分钟漫无目的的飘荡后，脱离冥想状态，倒数五个数，再慢慢把注意力转移到呼吸上。每数一声，都将自己的想法想象成天空中的一片云彩。每片云彩都会以特定的形态存在一段时间，然后它们会移动，变成其他形态。就像你无法抓住任何一片云彩，你也无须试图攥住任何一个想法，尤其是那些消极的、能够触发你自我破坏行为的想法。

练习："是的，但是"

所需时间：5分钟

有助于你：生成综合性的认知，既能认识到当前情况的困境，又能够于挑战中发现机遇。

简要说明：任何时候只要你识别出了自我破坏触发因素，请立即创造一个替代性想法来对原想法进行质疑。为此你可以构思一个句子对"是的"后面的部分进行填空（自我破坏触发因素，或者承认当前的压力），然后再对"但是"后面的部分进行填空（承认自己已经做出了改变，或者赞扬自己已经做得很棒）。

练习：给自己的想法贴标签

所需时间：1分钟

有助于你：请记住，想法并不会占据主导地位——你才是主导者，你是和自己想法相分离的单独个体，并不需要对每个想法做出回应。

简要说明：当你再次注意到自己的负面想法时，试着在前面加上这样一个短语"我产生了一个这样的想法"。比如，把"我再也找不到工作了"，变成"我产生了一个这样的想法……我再也找不到工作了"。

你要注意添加"我产生了一个这样的想法"的表述会对原先的想法产生何种影响。通过把这个表述添加到你的想法前面，是不是有助于提醒你，你和自己的想法是互相分离的？这样的分离是不是也有助于你将原先想法的影响降到很轻微的程度？你可以通过添加"我注意到"这个短语来让练习能够更进一步。现在这个想法就变成了"我注意到……我产生了一个这样的想法……我再也找不到工作了"。增加的这个小小的短语，可以更加明确地帮你认识到，你才是自己意识和思考行为的施动者以及意识者。是你发现了一个消极的想法，然后把它仅仅标记为一种心理活动，仅此而已。

练习：海豹突击队盒式呼吸法（Box Breathing）

所需时间：1 分钟

有助于你：放慢节奏，迅速让自己放松或恢复镇定。

简要说明：吸气，保持 4 个数；屏住呼吸，保持 4 个数；呼气，保持 4 个数；屏住呼吸，保持 4 个数。重复这些步骤，如有必要，可重复多次直至恢复平静。

练习：情感具象化

所需时间：10 分钟

有助于你：在经历强烈的负面感受时，重新控制自己的情绪，控制所处的环境和情境。

简要说明：思考一下最近困扰你的情绪。进行几轮深呼吸，选择一个舒服的姿势。然后想象自己去接触身体内情绪的具象化代表物，慢慢地把它拽出来，摆在自己面前。接下来，我希望你能够通过回答下列相应的问题，用自己的五感来感知该想法／情绪。它是什么样子的？摸起来有什么感受？发出了什么声音？有香味吗？尝起来有味道吗？这样想之后，再想象自己把这个物体（情感的具象化代表物）握在手中。然后想象自己能够通过重塑来改变它的大小、形状、重量、颜色等。把它变得更小、更易掌控。不断地挤压，直至其变得只有豌豆大小。还是同样的情绪，只不过被压缩过了！之后想象着把这个豌豆大小的情绪塞进自己的钱包或口袋里。它会时刻提醒你自己是如何把一个强烈且抽象的困扰型情绪变得实体化、可控化。

练习：相反的行动

所需时间：10 分钟

有助于你：减少消极情绪的强烈程度，避免对自我破坏做出行为反应。

简要说明：确定正在困扰你的感受，并对其进行评分（1 ～ 10 分，数字越大代表强烈程度越高）。现在想一想采取何种行动能让自己产生与现在截然相反的感受。采取行动后，重新评估你的感受。你会发现这种感受的强烈程度有所下降。

练习：提升积极情绪

所需时间：10 分钟

有助于你：立即增加积极感受，改善情绪，从而重置自己的情绪，阻止自己出现自我破坏行为。

简要说明：对你当前的情绪状况按 1 ～ 10 分进行评分（10 分代表最积极）。选择一个活动（可以参考 117 页列出的），立即行动，然后再次对自己的情绪状况进行评分。你会发现自己的情绪有所好转。

练习：给朋友打电话

所需时间：10 分钟

有助于你：厘清消极想法，同时引入一个新的角度看待问题，可以帮助你质疑或者调整自己的思维。

简要说明：请拿起手机打给你的爱人或者你信任的朋友，告诉他们你当前的想法，以及其背后的情境和事件。问问他们，你的想法是否反映了真实情况，同时请他们分享一下自己的看法，找出你在自我评估的过程中可能遗漏的东西。引入外界的观点可以帮助你区分理性的观点和自我破坏触发因素，同时提供一个新的角度，让你可以观察自己根深蒂固而又对实现目标没有任何帮助的负面思维方式。

练习：写下我的 ABC 流程

所需时间：10 分钟

有助于你：快速识别当前自己 ABC 流程的阻碍因素，并想出应对之策打破当前的序列。

简要说明：识别出使你出现自我破坏的有问题的行为，在笔记本中写出自己的 ABC 流程，有助于你清楚地认识到发生过程。然后请至少想出一种方法来改变自己的行为，之后写下新的事件序列和 ABC 流程。有时候你并不能直接改变前因，但是你可以通过采取不同的行为来得到不同的结果。

练习：即时具象化以及"如果 / 当……那么……"

所需时间：10 分钟

有助于你：当你快要做一些会偏离目标的事情时，不出现自我破坏行为。

简要说明：想象自己的某个愿望。然后花几分钟构想一下这个愿望实现的场景。任由自己的想法随波漂流，体会一下愿望实现后自己的感受。

然后转换一下思路。花几分钟好好想一想实现目标的阻碍有哪些。

现在拿出一支笔和一张纸，写下一条具体的执行意向：一个"如果/当……那么……"表述，至少针对你目标实现过程中的一个阻碍。

练习："随身携带"自己的价值准则

所需时间：10分钟

有助于你：每天关注自己的价值准则，通过在生活中遵守价值准则来强化自己的动力。

简要说明：检查一下自己现在最重要的11个价值准则列表，从中找出最重要的3个价值准则。然后根据自己的五感，为其构建专属的提示物（详情请见222页）。每天看看这些提示物，或者时刻把其放在手边，比如贴在桌子上，或者夹在笔记本里，让自己与价值准则保持联结。

附录 C　愉悦活动清单

1. 听一首自己最爱的歌曲

2. 进行日光浴

3. 在网上或者杂志上读一篇简短的文章

4. 涂鸦、彩绘，或画油画

5. 练几个瑜伽动作

6. 原地开合跳或原地慢跑

7. 唱一首歌

8. 插花或者修剪植物

9. 做手工

10. 写一首诗

11. 照料花草

12. 和宠物依偎在一起，或者盖着毯子休息一下

13. 喝一杯咖啡或者茶

14. 列一份待办事项清单

15. 快速做一些家务

16. 在家里收纳整理出一小块空间

17. 翻看照片

18. 伴着音乐跳舞

19. 做几轮深呼吸

20. 做冥想

21. 解一道谜语或者脑筋急转弯

22. 玩玩纵横填字游戏

23. 玩拼图游戏

24. 玩纸牌

25. 穿一套漂亮的衣服

26. 闻闻香薰蜡烛或者精油

27. 对某个人说"我爱你"

28. 给自己关心的人发一条信息或一封邮件

29. 和他人拥抱

30. 冲澡

31. 躺在沙发上

32. 喷一点古龙水或者香水

33. 尝试学习新菜

34. 在网上浏览理想度假地

35. 浏览商品（网上或者线下）

36. 散步

37. 读几则笑话

38. 给你关心的人发一条文字信息

39. 在手机上玩玩游戏

40. 玩压力球

41. 为自己关心的人做一些好事

42. 欣赏一件艺术品（甚至一张艺术品的照片也可以）

43. 修剪指甲

44. 做十次深呼吸

45. 换上干净的床单

46. 擦一些润肤露

47. 洗头发

48. 进行手部按摩

49. 在线上给某个社团组织捐一点钱

50. 微笑（即使你不想笑）[1]

附录 D 你的动机操作检查表

前因	更具激励性的结果 （建立型操作）	缺乏激励性的结果 （消除型操作）
环境 / 地点 / 位置		
人物（出现 / 缺席、他们的行为）		
日常生活方式（睡眠、锻炼、饮食）		
感官输入（嗅觉、触觉、视觉、听觉、味觉）		
感受（情感、生理反应、感觉）		
想法（包括自我破坏触发因素）		

（续）

前因	更具激励性的结果 （建立型操作）	缺乏激励性的结果 （消除型操作）
当日时间		
客观 / 可观测事件（例如和恋人发生了口角、工作中受批评、被疏离）		

附录 E 价值准则卡片

最重要（在本卡片下放置 11 张卡片）	中等重要（在本卡片下放置 11 张卡片）	最不重要（在本卡片下放置 11 张卡片）

接纳：以开放的心态接纳自己、他人和生活中的各种事	冒险精神：主动去寻求、创造，或探索新奇的体验
审美力：鉴赏、创造、接纳、享受艺术	果断：捍卫自己的权利，不卑不亢地对自己想要的东西提出要求
真实：尽管有外界的压力，仍然遵从内心的信仰和愿望行事	体贴：体贴自己，体贴他人，关爱环境
挑战：勇于承担困难的任务或问题，不断激励自己去成长、学习、提升	群体感：参加各种社会或公民组织，将自己融入更大层面的群体中去
奉献：热心帮助他人，持续用积极的力量去感化他人和自己	勇气：保持勇敢，勇于直面恐惧、威胁或困难
求知欲：以开放的心态去探索和学习新事物	勤奋：做事一丝不苟，不轻言放弃
忠诚：在人际交往中保持忠实和真诚	健康：保持并提高自己的身心健康
诚实：真诚待人，正直行事	幽默：能看到并欣赏生活中幽默的一面
谦虚：保持温和谦逊	独立：自我支持，自主行事；能选择以自己的方式去做事
亲密：在亲密关系中能够敞开心扉，通过情感或肢体方式分享自己的感受	正义：一往无前地支持正义和公理
知识：学习、运用、分享和贡献有价值的知识	闲暇：能够花时间去享受生活的其他方面
掌控力：能处理好自己每天的日常活动和业余爱好	有条理：过着非常有规划的生活
坚持：纵使面对艰难险阻，仍然坚持向前	影响力：对他人或事物有强大的影响力
尊重：体贴他人，礼貌待人，对于与自己意见相左的人也有足够的耐心	自控力：为了长远的目标而用纪律约束自己的行为
自尊：有较强的自我认同，相信自己的价值	灵性：与身处的大千世界连接，在对更高力量的理解中成长和成熟
信任：忠心、真诚、可靠	优质品质：生活中保持道德高尚，正直体面
财富：积累并拥有财富	

致　　谢

致谢拉·库里·奥克斯（Sheila Curry Oakes），我十分感激你为本书所做的贡献，每周与我构思章节内容，慷慨向我传授你多年的经验。你是一位优秀的作家、导师以及搭档，你总是不辞辛劳，无私奉献。没有你的帮助，我绝不可能完成本书。

致我的灵魂伴侣、我的挚爱，始终支持我的丈夫巴勃罗·加瓦扎（Pablo Gavazza）。感谢你始终陪伴着我，陪我度过坐在电脑前写文章的日日夜夜。

致我的父母罗伯特（Robert）和蕾妮（Renee），你们关爱我，鼓励我去追求自己的职业梦想，是我勤奋工作和坚持不懈的道德榜样。同时致我生命中唯一的姐姐玛利亚·霍（Maria Ho），感谢你这些年来对我的关心和爱护。

致温迪·谢尔曼（Wendy Sherman），我最棒的经纪人：很高兴我们能够相识！感谢你对我的信任，让我的书能够畅销大卖，感谢一路走来你提供的建议和指导。迫不及待想与你相聚畅谈。

致凯伦·里纳尔蒂（Karen Rinaldi）、汉娜·罗宾逊（Hannah Robinson），以及 Harper Wave 团队的所有工作人员：感谢你们对本书倾注的热情，并帮助我将其与世界分享。汉娜·罗宾逊，我诚挚地感谢你为本书所付出的心血和时间，感谢你的无私奉献，感谢你的真知灼见，对本书所做出的指导，让它更贴近读者。你身上有很多值得我学习的地方，我很感谢你认真的工作态度以及专业的学识素养。

谨以此书献给我的祖母林赛辰（Sai Chen Lin），从我出生起她就一直给予我无条件的爱；献给我的公公赫克托·加瓦扎（Hector Gavazza），他一直坚定地为自己的家庭奉献和努力；献给我的祖辈乔治·霍（George Ho）、龙应亮（Lung Ying Liang）以及聂公明（Kung Ming Nieh）。愿你们的灵魂得以安息，我们将永存真爱，铭记于心。

注　释

前言　是什么在拖你的后腿

1. P. A. Mueller and D. M. Oppenheimer, "The pen is mightier than the keyboard: Advantages of longhand over laptop note taking," *Psychological Science* 25 (2014): 1159–68.

引言　我们为什么会挡住自己的路

1. O. Arias-Carrión and E. Pöppel, "Dopamine, learning and reward-seeking behavior," *Acta Neurobiologiae Experimentalis* 67 (2007): 481–88.
2. N. M. White, "Reward: What Is It? How Can It be Inferred from Behavior?" in *Neurobiology of Sensation and Reward*, ed. J. A. Gottfried (Boca Raton, FL: CRC Press, 2011), 45–60.
3. M. A. Penzo, et al, "The paraventricular thalamus controls a central amygdala fear circuit," *Nature* 519 (2015): 455–59.
4. J. B. Watson and R. Rayner, "Conditioned emotional reaction," *Journal of Experimental Psychology* 3 (1920): 1–14.
5. S. M. Drexler, C. J. Merz, T. C. Hamacher-Dang, M. Tegenthoff, and O. T. Wolf, "Effects of cortisol on reconsolidation of reactivated fear memories," *Neuropsychopharmacology* 40 (2015): 3036–43.
6. K. Lewin, (1935). *A Dynamic Theory of Personality* (New York: McGraw-Hill, 1935).
7. R. Harris, *The Happiness Trap: How to Stop Struggling and Start Living* (Boston, MA: Trumpeter Books, 2008).
8. R. F. Baumeister, ed., *The Self in Social Psychology* (Philadelphia: Psychology Press/Taylor & Francis, 1999).
9. C. Rogers, "A theory of therapy, personality and interpersonal relationships as developed in the client-centered framework," in *Psychology: A Study of a Science, Vol. 3: Formulations of the Person and the Social Context*, ed. S. Koch (New York: McGraw-Hill, 1959).

10. A. Bandura, *Social Foundations of Thought and Action: A Social Cognitive Theory* (Englewood Cliffs, NJ: Prentice Hall, 1986).

11. D. Eilam, R. Izhar, and J. Mort, "Threat detection: Behavioral practices in animals and humans," *Neuroscience & Biobehavioral Reviews* 35 (2011): 999–1006.

12. S. T. Fiske and E. Shelley, *Social Cognition*, 2nd ed. (New York: McGraw-Hill, 1984).

13. L. A. Leotti, S. S. Iyengar, and K. N. Ochsner, "Born to choose: the origins and value of the need for control," Trends in Cognitive Science 14 (2014): 457–463.

14. G. Doran, "There's a S.M.A.R.T. way to write management's goals and objectives," *Management Review* 70 (1981): 35–36.

15. D. Sridharan, D. Levitin, J. Berger, and V. Menon, "Neural dynamics of event segmentation in music: Converging evidence for dissociable ventral and dorsal networks," *Neuron* 55 (2007): 521–32.

16. D. Levitin, *This Is Your Brain on Music: The Science of a Human Obsession* (New York: Dutton, 2006).

17. B. A. Daveson, "Empowerment: An intrinsic process and consequence of music therapy practice," *Australian Journal of Music Therapy* 12 (2001): 29–38.

18. T. G. Stampfl and D. J. Levis, "Essentials of Implosive Therapy: A learning-theory-based psychodynamic behavioral therapy," *Journal of Abnormal Psychology* 72 (1967): 496–503.

19. J. S. Abramowitz, B. J. Deacon, and S. P. H. Whiteside, *Exposure Therapy for Anxiety: Principles and Practice* (New York: Guilford Press, 2010).

第 1 章　步骤 1　确认自我破坏触发因素

1. B. Haider, M. R. Krause, A. Duque, Y. Yu, J. Touryan, J. A. Mazer, and D. A. McCormick, "Synaptic and network mechanisms of sparse and reliable visual cortical activity during nonclassical receptive field stimulation," *Neuron* 65 (2010): 107–121.

2. D. Baer, "The scientific reason why Barack Obama and Mark Zuckerberg wear the same outfit every day," *Business Insider*, April 28, 2015, http://www.businessinsider.com/barack-obama-mark-zuckerberg-wear-the-same-outfit-2015-4.

3. F. Baumeister, "The Psychology of Irrationality," in *The Psychology of Economic Decisions: Rationality and Well-Being,* ed. I. Brocas and J. D. Carrillo (New York: Oxford University Press, 2003).

4. L. Festinger, *A Theory of Cognitive Dissonance* (Palo Alto, CA: Stanford University Press, 1957).

5. D. O. Case, J. E. Andrews, J. D. Johnson, and S. L. Allard, "Avoiding versus seeking: the relationship of information seeking to avoidance, blunting, coping, dissonance, and related concepts," *Journal of the Medical Library Association* 93 (2005): 353–62.

6. A. J. Elliot and P. G. Devine, "On the motivational nature of cognitive dissonance: Dissonance as psychological discomfort," *Journal of Personality and Social Psychology* 67 (1994): 382–94.

7. Impostor syndrome is a psychological phenomenon coined by clinical psychologists Pauline Clance and Suzanne Imes, in which individuals doubt their accomplishments and have a persistent, usually unspoken fear of being exposed as a "fraud."

8. B. Major, M. Testa, and W. H. Blysma, "Responses to upward and downward social comparisons: The impact of esteem-relevance and perceived control," in *Social Comparison: Contemporary Theory and Research*, ed. J. Suls and T. A. Wills (Philadelphia: Psychology Press/Taylor & Francis, 1991): 237–60.

第 2 章　步骤 2　消解自我破坏触发因素，重置感受调节器

1. A. T. Beck, *Cognitive Therapy and the Emotional Disorders* (New York: International Universities Press, 1976).

2. J. B. Persons, D. D. Burns, and J. M. Perloff, "Predictors of dropout and outcome in private practice patients treated with cognitive therapy for depression," *Cognitive Therapy and Research* 12 (1988): 557–75.

3. C. Macdougall and F. Baum, "The Devil's Advocate: A strategy to avoid groupthink and stimulate discussion in focus groups," *Qualitative Health Research* 4 (1997): 532–41.

4. S. C. Hayes, K. D. Strosahl, and K. G. Wilson, *Acceptance and Commitment Therapy: An Experiential Approach to Behavior Change* (New York: Guilford Press, 1997).

5. S. C. Hayes and K. D. Strohsahl, *A Practical Guide to Acceptance and Commitment Therapy* (New York: Springer-Verlag, 2005).

6. Please see this definition described at https://www.verywellmind.com/theories-of-emotion-2795717.

7. A. Becara, H. Damasio, and A. R. Damasio, "Emotion, decision making, and the orbitofrontal cortex," *Cerebral Cortex* 10 (2000): 295–307.

8. R. J. Dolan, "Emotion, cognition, and behavior," *Science* 298 (2002): 1191–94.

9. Steven J. C. Gaulin and Donald H. McBurney, *Evolutionary Psychology,* 2nd ed. (Upper Saddle River, NJ: Prentice Hall, 2003).

10. A. H. Maslow, "A theory of human motivation," *Psychological Review* 50 (1943): 370–96.

11. C. E. Izard, *The Face of Emotion* (New York: Appleton-Century-Crofts, 1971).

12. D. H. Barlow, L. B. Allen, and M. L. Choate, "Toward a unified treatment for emotional disorders," *Behavior Therapy* 5 (2004): 205–230.

13. A. T. Beck, A. J. Rush, B. F. Shaw, and G. Emery, *Cognitive Therapy of Depression* (New York: Guilford Press, 1979).

14. M. M. Linehan, *Cognitive-Behavioral Treatment of Borderline Personality Disorder* (New York: Guilford Press, 1993).

15. R. L. Leahy, D. Tirch, and L. A. Napolitano, *Emotion Regulation in Psychotherapy: A Practitioner's Guide* (New York: Guilford Press, 2011).

16. M. M. Linehan, *Skills Training Manual for Treating Borderline Personality Disorder* (New York: Guilford Press, 1993).

17. H. G. Roozen, H. Wiersema, M. Strietman, J. A. Feij, P. M. Lewinsohn, R. J. Meyers, M. Koks, and J. J. Vingerhoets, "Development and psychometric evaluation of the pleasant activities list," *American Journal of Addiction* 17 (2008): 422–35.

第 3 章　步骤 3　跳出常规，避免重蹈覆辙：基本的 ABC 流程

1. D. M. Baer, M. M. Wolf, and T. R. Risley, "Some current dimensions of applied behavior analysis," *Journal of Applied Behavior Analysis* 1 (1968): 91–97.

2. B. F. Skinner, "Are theories of learning necessary?" *Psychological Review* 57 (1950): 193–216.

3. R. G. Miltenberger, *Behavior Modification: Principles and Procedures*, 5th ed. (Belmont, CA: Wadsworth, 2012).

4. A. C. Catania, *Learning*, 3rd ed. (Englewood Cliffs, NJ: Prentice Hall, 1992).

5. J. M. Johnston and H. S. Pennypacker, *Strategies and Tactics of Human Behavioral Research* (Mahwah, NJ: Erlbaum, 1981).

6. R. G. Miltenberger, *Behavior Modification: Principles and Procedures*, 5th ed. (Belmont, CA: Wadsworth, 2012).

7. Ibid.

8. Ibid.

9. Ibid.

10. B. F. Skinner, *The Behavior of Organisms: An Experimental Analysis* (New York: Appleton-Century, 1938).

11. F. S. Keller and W. N. Schoenfeld, *Principles of Psychology* (New York: Appleton-Century-Crofts, 1950).

12. D. M. Tice and E. Bratslavsky, "Giving in to feel good: The place of emotion regulation in the context of general self-control," *Psychological Inquiry* 11 (2000): 149–159.

13. R. G. Miltenberger, *Behavior Modification: Principles and Procedures*, 5th ed. (Belmont, CA: Wadsworth, 2012).

14. B. F. Skinner, *The Behavior of Organisms* (New York: Appleton-Century, 1938).

15. J. K. Luiselli, "Intervention conceptualization and formulation," in *Antecedent Control: Innovative Approaches to Behavioral Support*, ed. J. K. Luiselli and M. J. Cameron (Baltimore: Brookes Publishing, 1998), 29–44.

16. R. G. Miltenberger, "Methods for assessing antecedent influences on challenging behaviors," in *Antecedent Control: Innovative Approaches to Behavioral Support*, ed. J. K. Luiselli and M. J. Cameron (Baltimore: Brookes Publishing, 1998).

17. F. S. Keller and W. N. Schoenfeld, *Principles of Psychology* (New York: Appleton-Century-Crofts, 1950).

18. H. H. Yin, S. B. Ostlund, and B. W. Balleine, "Reward-guided learning beyond dopamine in the nucleus accumbens: the integrative functions of cortico-basal ganglia networks," *European Journal of Neuroscience* 28 (2008): 1437–48.

19. S. Killcross, T. W. Robbins, and B. J. Everitt, "Different types of fear-conditioned behaviour mediated by separate nuclei within amygdala," *Nature* 388 (1997): 377–80.

第 4 章 步骤 4 重置，而非重复

1. P. M. Gollwitzer, "Implementation intentions: Strong effects of simple plans," *American Psychologist* 54 (1999): 493–503.

2. B. F. Malle and J. Knobe, "The distinction between desire and intention: A folk-conceptual analysis," in *Intentions and Intentionality: Foundations of Social Cognition*, ed. B. F. Malle, L. J. Moses, and D. A. Baldwin (Cambridge, MA: The MIT Press, 2001).

3. A. Bandura, "Social cognitive theory of self-regulation," *Organizational Behavior and Human Decision Processes* 50 (1991): 248–87.

4. R. F. Baumeister, E. Bratslavsky, M. Muraven, and D. M. Tice, "Ego depletion: Is the active self a limited resource?" *Journal of Personality and Social Psychology* 74 (1998): 1252–65.

5. A. L. Duckworth and M. E. Seligman, "Self-discipline outdoes IQ in predicting academic performance of adolescents," *Psychological Science* 16 (2005): 939–44.

6. W. Mischel, Y. Shoda, and P. K. Peake, "The nature of adolescent

competencies predicted by preschool delay of gratification," *Journal of Personality and Social Psychology* 54 (1988): 687–96.

7. R. N. Wolfe and S. D. Johnson, "Personality as a predictor of college performance," *Educational and Psychological Measurement* 55 (1995): 177–85.

8. J. P. Tangney, R. F. Baumeister, and A. L. Boone, "High self-control predicts good adjustment, less pathology, better grades, and interpersonal success," *Journal of Personality* 72 (2004): 271–322.

9. http://professoralbertbandura.com/albert-bandura-self-regulation.html

10. R. F. Baumeister and K. D. Vohs, "Self-regulation, ego depletion, and motivation," *Social and Personality Psychology Compass* 10 (2007): 115–28.

11. Ibid.

12. R. F. Baumeister, B. J. Schmeichel, and K. Vohs, "Self-Regulation and the Executive Function: The Self as Controlling Agent," in *Social Psychology: Handbook of Basic Principles*, ed. A.W. Uruglanski and E. T. Higgins (New York: Guilford Press, 2007), 516–39.

13. C. C. Pinder, *Work Motivation in Organizational Behavior* (Upper Saddle River, NJ: Prentice Hall, 1998).

14. L. Parks and R. P. Gray, "Personality, values, and motivation," *Personality and Individual Differences* 47 (2009): 675–84.

15. http://www.apa.org/news/press/releases/stress/2011/final-2011.pdf.

16. V. Job, C. S. Dweck, and G. M. Walton, "Ego depletion — Is it all in your head? Implicit theories about willpower affect self-regulation," *Psychological Science* 21 (2010): 1686–93.

17. R. F. Baumeister, et al., "The strength model of self-control," *Current Directions in Psychological Science* 16 (2007): 351–55.

18. M. Inzlicht and J. N. Gutsell, "Running on empty: Neural signals for self-control failure," *Psychological Science* 18, no. 11 (2007): 933–37.

19. M. Gailliot, R. F. Baumeister, C. N. DeWall, J. K. Maner, E. A. Plant, T. D. M. Tice, L. E. Brewer, and B. J. Schmeichel, "Self-control relies on glucose as a limited energy source: Willpower is more than a metaphor," *Journal of Personality and Social Psychology* 92 (2007): 325–36.

20. G. Oettingen and P. M. Gollwitzer, "Strategies of setting and implementing goals: Mental contrasting and implementation intentions," *Social Psychological Foundations of Clinical Psychology* (2010): 114–35.

21. G. Oettingen and P. M. Gollwitzer, "Goal setting and goal striving," in *Blackwell Handbook in Social Psychology: Vol. 1. Intraindividual Processes*, ed. A. Tesser, N. Schwarz, series ed. M. Hewstone and M. Brewer (Oxford, UK: Basil Blackwell, 2001), 329–47.

22. H. Heckhausen and P. M. Gollwitzer, "Thought contents and cognitive functioning in motivational v. volitional states of mind," *Motivation and Emotion* 11 (1987): 101–20.

23. E. Klinger, *Daydreaming: Using Waking Fantasy and Imagery for Self-Knowledge and Creativity* (Los Angeles, CA: Tarcher, 1990).

24. G. Oettingen and P. M. Gollwitzer, "Strategies of setting and implementing goals: Mental contrasting and implementation intentions," *Social Psychological Foundations of Clinical Psychology* (2010): 114–35.

25. G. Oettingen, G. Hoenig, and P. M. Gollwitzer, "Effective self-regulation of goal attainment," *International Journal of Educational Research* 33 (2000): 705–32.

26. G. Oettingen, "The Problem With Positive Thinking," *The New York Times,* October 24, 2014.

27. A. Lavender and E. Watkins, "Ruminations and future thinking in depression," *British Journal of Clinical Psychology* 43 (2010): 129–42.

28. A. Kappes and G. Oettingen, "The emergence of goal commitment: Mental contrasting connects future and reality," *Journal of Experimental Social Psychology* 54 (2014): 25–39.

29. J. M. Olson, N. J. Roese, M. P. Zanna, "Expectancies," in *Social Psychology: Handbook of Basic Principles,* ed. E. T. Higgins and A. W. Kruglanski (New York: Guilford Press, 1996), 211–38.

30. G. H. E. Gendolla and R. A. Wright, "Motivation in social setting studies of effort-related cardiovascular arousal," in *Social Motivation: Conscious and Unconscious Processes,* ed. J. P. Forgas, K. D. Williams, and S. M. Laham (New York: Cambridge University Press, 2005), 71–90.

31. G. Oettingen, D. Mayer, A. T. Sevincer, E. J. Stephens, H. Pak, and M. Hagenah, "Mental Contrasting and Goal Commitment: The Mediating Role of Energization," *Personality and Social Psychology Bulletin* 35 (2009): 608–22.

32. S. Orbell and P. Sheeran, "Inclined abstainers: A problem for predicting health-related behavior," *British Journal of Social Psychology* 37 (1998): 151–65.

33. P. M. Gollwitzer, "Goal achievement: The role of intentions," in *European Review of Social Psychology, Volume 4,* ed. W. Stroebe and M. Hewstone (Chichester, England: Wiley, 1993), 141–85.

34. Ibid.

35. G. Oettingen and P. M. Gollwitzer, "Strategies of setting and implementing goals: Mental contrasting and implementation intentions," *Social Psychological Foundations of Clinical Psychology* (2010): 114–35.

36. E. J. Parks-Stamm, P. M. Gollwitzer, and G. Oettingen, "Action control by implementation intentions: Effective cue detection and efficient response initiation," *Social Cognition* 25 (2007): 248–66.

37. T. L. Webb and P. Sheeran, "How do implementation intentions promote goal attainment? A test of component processes," *Journal of Experimental Social Psychology* 43 (2007): 295–302.

38. G. Oettingen and P. M. Gollwitzer, "Strategies of setting and implementing goals: Mental contrasting and implementation intentions," *Social Psychological Foundations of Clinical Psychology* (2010): 114–35.

39. E. A. Locke, E. Frederick, C. Lee, and P. Bobko, "Effect of self-efficacy, goals, and task strategies on task performance," *Journal of Applied Psychology* 69 (1984): 241–51.

40. P. A. Mueller and D. M. Oppenheimer, "The pen is mightier than the keyboard: Advantages of longhand over laptop note taking," *Psychological Science* 25 (2014): 1159–68.

41. S. T. Iqbal and E. Horvitz, "Disruption and recovery of computing tasks: Field study, analysis, and directions," in *Proceedings of the SIGCHI Conference on Human Factors in Computing Systems* (New York: Association for Computing Machinery, 2007): 677–86.

42. P. M. Gollwitzer and V. Brandstätter, "Implementation intentions and effective goal pursuit," *Journal of Personality and Social Psychology* 73 (1997): 186–99.

43. G. Oettingen, G. Hoenig, and P. M. Gollwitzer, "Effective self-regulation of goal attainment," *International Journal of Educational Research* 33 (2000): 705–32.

44. S. Orbell, S. Hodgkins, and P. Sheeran, "Implementation intentions and the theory of planned behavior," *Personality and Social Psychology Bulletin* 23 (1997): 945–54.

45. P. Sheeran and S. Orbell, "Implementation intentions and repeated behavior: Augmenting the predictive validity of the theory of planned behavior," *European Journal of Social Psychology* 29 (1999): 349–69.

46. R. W. Holland, H. Aarts, and D. Langendam, "Breaking and creating habits on the working floor: A field experiment on the power of implementation intentions," *Journal of Experimental Social Psychology* 42 (2006): 776–83.

47. P. M. Gollwitzer and B. Schaal, "Metacognition in action: The importance of implementation intentions," *Personality and Social Psychology Review* 2 (1998): 124–36.

48. A. Achtziger, P. M. Gollwitzer, and P. Sheeran, "Implementation intentions and shielding goal striving from unwanted thoughts and feelings," *Personality and Social Psychology Bulletin* 34 (2008): 381–93.

49. M. D. Henderson, P. M. Gollwitzer, and G. Oettingen, "Implementation intentions and disengagement from a failing course of action," *Journal of Behavioral Decision Making* 20 (2007): 81–102.

50. P. M. Gollwitzer and U. C. Bayer, "Becoming a better person without changing the self," paper presented at the annual meeting of the Society of Experimental Social Psychology, Atlanta, GA, October 2000.

51. T. L. Webb and P. Sheeran, "Can implementation intentions help to overcome ego-depletion?" *Journal of Experimental Social Psychology* 39 (2003): 279–86.

第 5 章　步骤 5　每天一个价值准则，远离自我破坏

1. K. Naumann, "Feeling Stuck? 5 Reasons Why Values Matter," *The Huffington Post*, February 2, 2017.

2. L. Parks and R. P. Guay, "Personality, values, and motivation," *Personality and Individual Differences* 47 (2009): 675–84.

3. C. Martijn, P. Tenbült, H. Merckelbach, E. Dreezens, and N.K. de Vries, "Getting a grip on ourselves: Challenging expectancies about loss of energy after self-control," *Social Cognition* 20 (2002): 441–60.

4. M. E. P. Seligman and M. Csikszentmihalyi, "Positive psychology: An introduction," *American Psychologist* 55 (2000): 5–14.

5. E. Diener and R. E. Lucas, "Personality and subjective well-being," in *Well-Being: The Foundations of Hedonic Psychology,* ed. D. Kahneman, E. Diener, and N. Schwarz (New York: Russell Sage Foundation, 1999), 213–29.

6. S. C. Hayes, K. Strosahl, and K. G. Wilson, *Acceptance and Commitment Therapy: An Experiential Approach to Behavior Change* (New York: Guilford Press, 1999).

7. A. S. Waterman, "Two conceptions of happiness: contrasts of personal expressiveness (eudaimonia) and hedonic enjoyment," *Journal of Social and Personality Psychology* 64 (1993): 678–91.

8. C. D. Ryff, "Psychological well-being in adult life," *Current Directions in Psychological Science* 4 (1995): 99–104.

9. D. A. Vella-Brodrick, N. Park, and C. Peterson, "Three ways to be happy: Pleasure, engagement, and meaning—Findings from Australian and U. S. samples," *Social Indicators Research* 90 (2009): 165–79.

10. A. H. Maslow, "A theory of human motivation," *Psychological Review* 50 (1943): 370–96.

11. A. H. Maslow, *Religions, Values, and Peak Experiences* (London, England: Penguin Books Limited, 1964).

12. A. H. Maslow, *Toward a Psychology of Being* (Princeton, NJ: Van Nostrand-Reinhold, 1962).

13. A. H. Maslow, *Toward a Psychology of Being* (New York: Van Nostrand-Reinhold, 1968).

14. G. L. Privette, "Defining Moments of Self-Actualization: Peak Performance and Peak Experience," in *The Handbook of Humanistic Psychology: Leading Edges in Theory, Research, and Practice*, ed. K. J. Schneider, J. F. T. Bugental, and J. F. Pierson (Thousand Oaks, CA: Sage Publications, Inc., 2001).

15. W. R. Miller, J. C'de Baca, D. B. Matthews, and P. L. Wilbourne, Personal Values Card Sort.

16. https://www.guilford.com/add/miller2/values.pdf?t

17. W. R. Miller and S. Rollnick, *Motivational Interviewing, Helping People Change*, 3rd ed. (New York: Guilford Press, 2012).

18. W. R. Miller and S. Rollnick, *Motivational Interviewing: Preparing People to Change Addictive Behavior* (New York: Guilford Press, 1991).

19. http://thehappinesstrap.com/wp-content/uploads/2017/06/complete_worksheets_for_The_Confidence_Gap.pdf

20. R. Harris, *The Happiness Trap: How to Stop Struggling and Start Living: A Guide to ACT* (Boston, MA: Trumpeter Books, 2008).

附录

1. Selected from https://www.robertjmeyersphd.com/download/Pleasant%20Activities%20List%20(PAL).pdf

延伸阅读

The Happiness Trap: How to Stop Struggling and Start Living by Russ Harris

Get Out of Your Mind & Into Your Life: The New Acceptance & Commitment Therapy by Steven C. Hayes, PhD, and Spencer Smith

Cognitive Behavioral Therapy, Second Edition: Basics and Beyond by Judith S. Beck (Foreword by Aaron T. Beck)

Behavior Modification: Principles & Procedures by Raymond G. Miltenberger

DBT Principles in Action: Acceptance, Change, and Dialectics by Charles R. Swenson (Foreword by Marsha M. Linehan)

Emotion Regulation in Psychotherapy: A Practitioner's Guide by Robert L. Leahy, Dennis Tirch, and Lisa A. Napolitano

The Psychology of Thinking about the Future, edited by Gabriele Oettingen, A. Timur Sevincer, and Peter M. Gollwitzer

Self-Regulation and Ego Control, edited by Edward R. Hirt, Joshua J. Clarkson, and Lile Jia

Self-Esteem: A Proven Program of Cognitive Techniques for Assessing, Improving & Maintaining Your Self-Esteem by Matthew McKay, PhD, and Patrick Fanning

10-Minute Mindfulness: 71 Simple Habits for Living in the Present Moment by S. J. Scott and Barrie Davenport